★★★★★

東京 五つ星の手みやげ

The LEGEND

岸 朝子 選

東京書籍

●まえがき

「江戸開府400年」と歴史は古い東京ですが、親子代々の江戸っ子は少なく、故郷は北海道から沖縄まで日本各地という土地柄です。加えて関東大震災で江戸は消え、第二次世界大戦で東京は消滅。平成バブル崩壊で姿を消した店も多く、「東京の手みやげ」として誇れる味は少なくなりました。そのなかでも本業だけを大切に、余計なことには手を出さず家業を守り続けた店の味は、ときには新しい風を吹き込みながら多くの人々に愛されてきています。また、文明開化の明治時代から始まったケーキやクッキーなどの洋菓子を売る店もふえ、ケーキやパンの職人には、ヨーロッパのコンクールに入賞するなどの腕を持つ人たちも多くなりました。あの店、この店といろいろありますが、「東京の手みやげ」として私がおすすめできるものの一部をご紹介します。おいしいものを食べるとき、人は幸せになります。心が豊かになればこの世は楽しいものです。お気に召すものがあれば幸いです。

平成16年／岸　朝子

（平成16年3月初版発行『東京 五つ星の手みやげ』原文ママ）

●合本新訂版の編集を終えて

平成から令和へと新たな時代を迎えましたが、記憶に新しいその平成の、食文化を主導した人物として語り継ぎたい一人が、食生活ジャーナリストで料理評論家の故・岸朝子先生です。テレビの超人気料理番組「料理の鉄人」の審査員を務めた際、講評の中での「おいしゅうございます」のコメントが流行語となり、現在も続くグルメブームの仕掛け人ともいわれる、まさに食のレジェンドです。

その先生が、東京の食みやげでお薦めの老舗・名店を厳選して紹介した『東京 五つ星の手みやげ』(平成16年初版発行)は、同年末に刊行された続編も合わせ、累計40万部という大ベストセラーとなりました。このたび、それらを合本し、令和の新たな一冊にと生み出したのが本書です。

今回は私を含め、数名のスタッフがこの合本新訂版の編集作業に携わりました。各店から新たな情報を提供いただき、あるいは再取材することで、より充実した内容を加えることができたと自負しています。古き良きものを伝承する店、常に新しいものを追求する店など、志向は様々ですが、いずれもがまさに“五つ星”の魅力に満ちた店々といっても過言ではありません。

再取材の過程では、「先生にはたいへんお世話になりました」など、今も続く感謝の声や本書への思い入れをたくさんいただき、改めて岸先生の偉大さを実感したところです。この『東京 五つ星の手みやげ The LEGEND』を刊行することで、新しい時代にも岸先生の遺志を伝えることができれば幸いに思います。

令和元年／村田郁宏

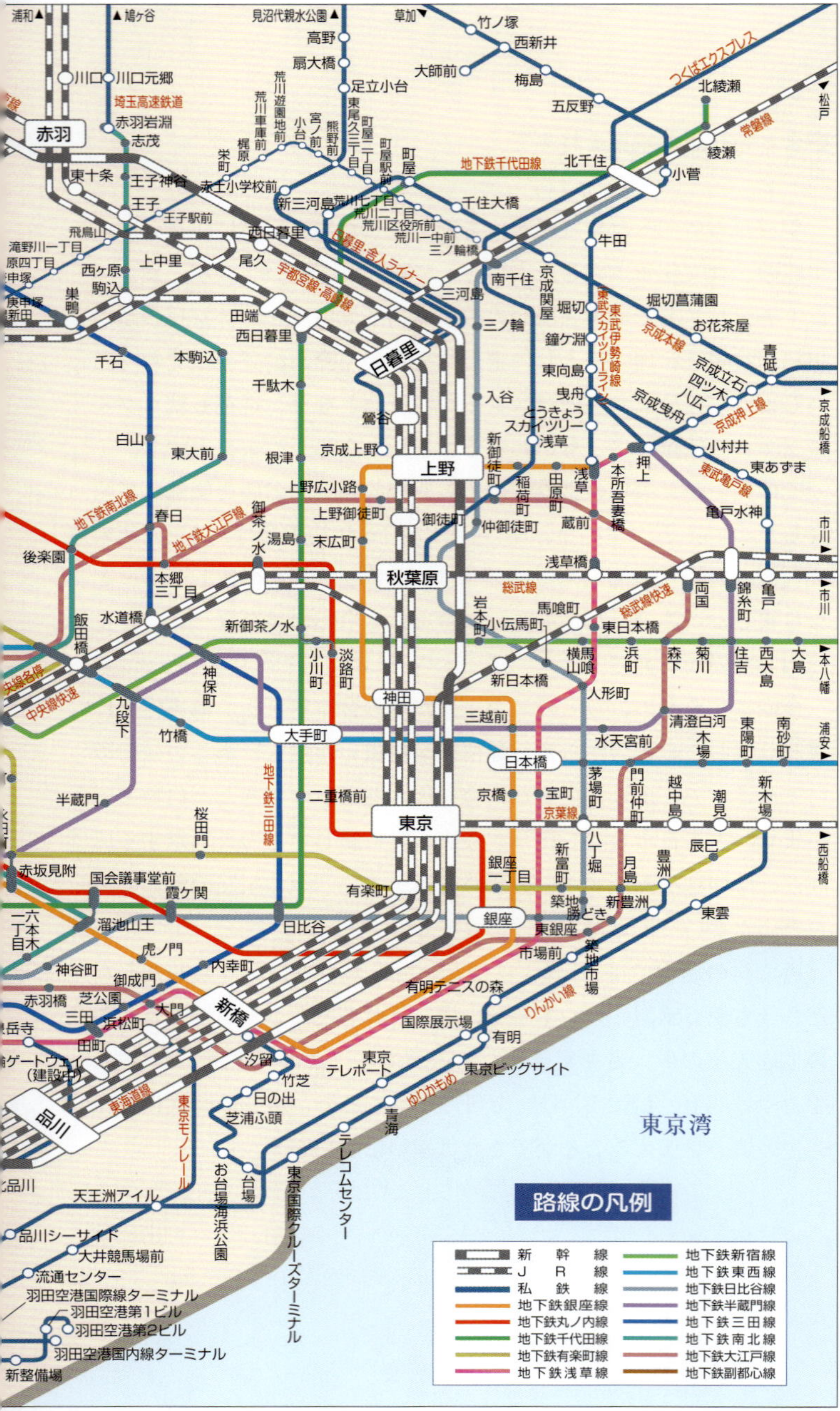

浦和
鳩ヶ谷
見沼代親水公園
草加
竹ノ塚
西新井
大師前
梅島
五反野
つくばエクスプレス
北綾瀬
松戸
常磐線
綾瀬
北千住
小菅
高野
扇大橋
足立小台
川口
川口元郷
埼玉高速鉄道
赤羽岩淵
赤羽
志茂
荒川遊園地前
荒川車庫前
梶原
栄町
宮ノ前
小台
熊野前
東尾久三丁目
町屋二丁目
町屋駅前
町屋
地下鉄千代田線
東十条
王子神谷
荒川一中前
王子
王子駅前
熊野前
赤土小学校前
新三河島
荒川七丁目
荒川二丁目
荒川区役所前
荒川一中前
三ノ輪橋
千住大橋
牛田
飛鳥山
滝野川一丁目
西ヶ原四丁目
新庚申塚
西ヶ原
上中里
尾久
西日暮里
日暮里・舎人ライナー
宇都宮線・高崎線
三河島
南千住
京成関屋
堀切菖蒲園
お花茶屋
京成本線
堀切
鐘ヶ淵
東武伊勢崎線（東武スカイツリーライン）
東向島
曳舟
京成立石
四ツ木
八広
京成曳舟
京成押上線
青砥
京成船橋
庚申塚
巣鴨
駒込
田端
西日暮里
日暮里
三ノ輪
千石
本駒込
千駄木
入谷
鶯谷
白山
東大前
根津
京成上野
とうきょうスカイツリー
浅草
小村井
東あずま
東武亀戸線
上野
新御徒町
稲荷町
田原町
浅草
本所吾妻橋
押上
地下鉄南北線
春日
地下鉄大江戸線
御茶ノ水
上野広小路
上野御徒町
湯島
末広町
御徒町
仲御徒町
蔵前
亀戸水神
市川
後楽園
本郷三丁目
秋葉原
浅草橋
両国
錦糸町
亀戸
総武線
総武線快速
水道橋
新御茶ノ水
岩本町
小伝馬町
馬喰町
東日本橋
飯田橋
神保町
小川町
淡路町
馬喰横山
浜町
森下
菊川
住吉
西大島
大島
本八幡
中央線各停
中央線快速
九段下
竹橋
神田
新日本橋
人形町
大手町
三越前
水天宮前
清澄白河
木場
東陽町
南砂町
浦安
日本橋
茅場町
門前仲町
越中島
潮見
新木場
半蔵門
二重橋前
京橋
宝町
京葉線
桜田門
地下鉄三田線
東京
八丁堀
西船橋
銀座一丁目
新富町
月島
豊洲
辰巳
赤坂見附
国会議事堂前
霞ケ関
有楽町
築地
勝どき
新豊洲
東雲
溜池山王
日比谷
銀座
東銀座
一六本木丁目
虎ノ門
市場前
築地市場
神谷町
内幸町
御成門
有明テニスの森
りんかい線
赤羽橋
芝公園
大門
新橋
三田
浜松町
国際展示場
有明
泉岳寺
田町
汐留
東京テレポート
東京ビッグサイト
高輪ゲートウェイ（建設中）
竹芝
日の出
ゆりかもめ
品川
東海道線
東京モノレール
芝浦ふ頭
青海
東京湾
テレコムセンター
お台場海浜公園
台場
東京国際クルーズターミナル
北品川
天王洲アイル
品川シーサイド
大井競馬場前
流通センター
羽田空港国際線ターミナル
羽田空港第1ビル
羽田空港第2ビル
羽田空港国内線ターミナル
新整備場
路線の凡例
新幹線
JR線
私鉄線
地下鉄銀座線
地下鉄丸ノ内線
地下鉄千代田線
地下鉄有楽町線
地下鉄浅草線
地下鉄新宿線
地下鉄東西線
地下鉄日比谷線
地下鉄半蔵門線
地下鉄三田線
地下鉄南北線
地下鉄大江戸線
地下鉄副都心線

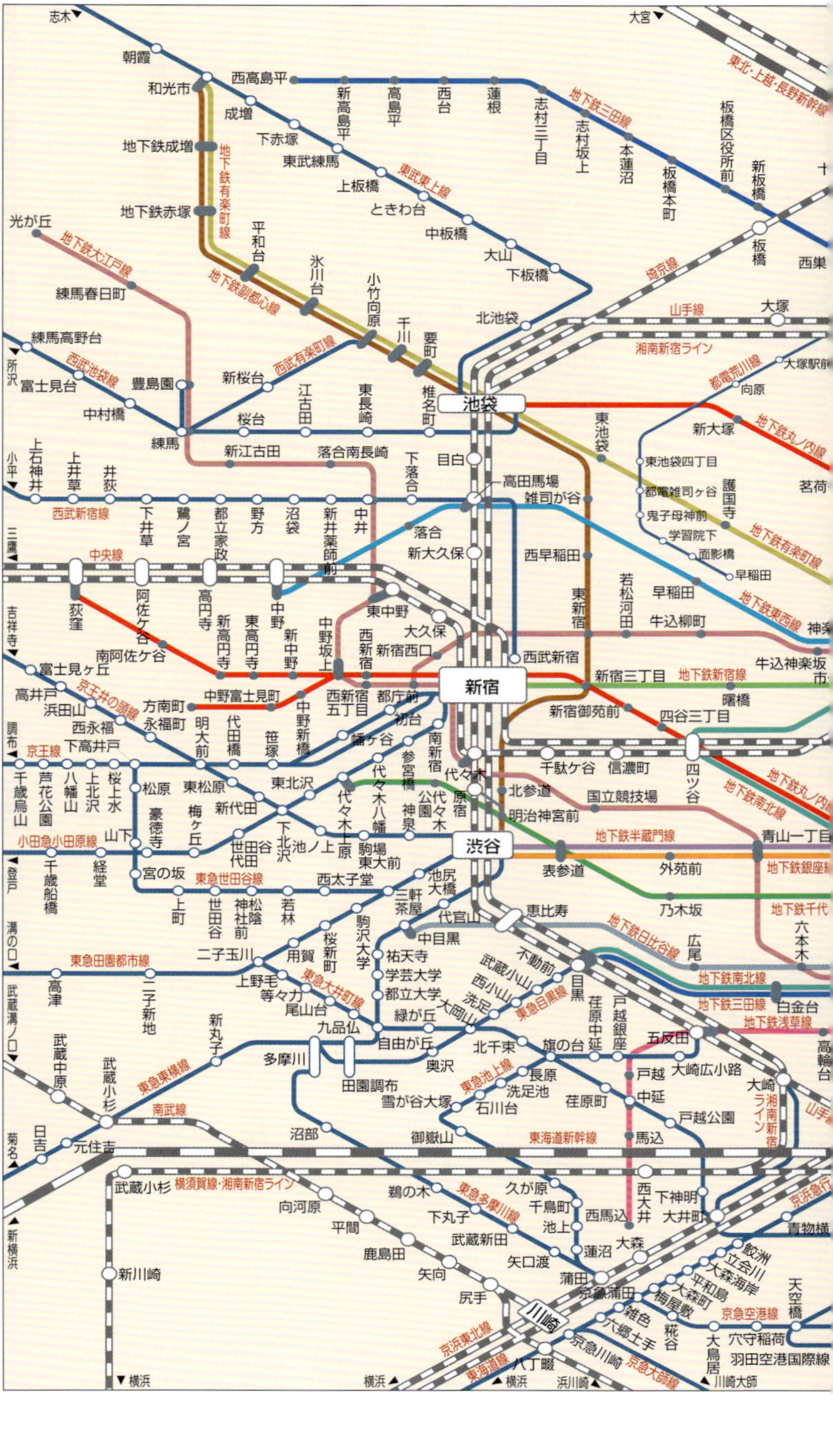
志木
大宮
朝霞
和光市
西高島平
新高島平
高島平
西台
蓮根
志村三丁目
地下鉄三田線
志村坂上
本蓮沼
板橋本町
板橋区役所前
新板橋
東北・上越・長野新幹線
成増
下赤塚
東武練馬
地下鉄成増
地下鉄有楽町線
上板橋
東武東上線
ときわ台
中板橋
大山
下板橋
地下鉄赤塚
光が丘
地下鉄大江戸線
平和台
氷川台
小竹向原
千川
要町
地下鉄副都心線
練馬春日町
埼京線
板橋
西巣鴨
北池袋
山手線
大塚
湘南新宿ライン
練馬高野台
所沢
西武池袋線
富士見台
豊島園
新桜台
西武有楽町線
江古田
東長崎
椎名町
池袋
都電荒川線
大塚駅前
向原
中村橋
桜台
練馬
東池袋
新大塚
地下鉄丸ノ内線
新江古田
落合南長崎
下落合
目白
東池袋四丁目
都電雑司ヶ谷
護国寺
茗荷谷
小平
上石神井
上井草
井荻
高田馬場
雑司が谷
鬼子母神前
学習院下
面影橋
早稲田
西武新宿線
下井草
鷺ノ宮
都立家政
野方
沼袋
新井薬師前
中井
落合
新大久保
西早稲田
地下鉄有楽町線
三鷹
中央線
阿佐ケ谷
高円寺
中野
荻窪
東中野
若松河田
早稲田
東新宿
地下鉄東西線
牛込柳町
吉祥寺
大久保
新高円寺
東高円寺
新中野
中野坂上
西新宿
新宿西口
西武新宿
南阿佐ケ谷
富士見ヶ丘
牛込神楽坂
新宿
新宿三丁目
地下鉄新宿線
高井戸
京王井の頭線
浜田山
中野富士見町
西新宿五丁目
都庁前
曙橋
方南町
永福町
西永福
中野新橋
明大前
代田橋
笹塚
初台
新宿御苑前
四谷三丁目
調布
京王線
下高井戸
幡ヶ谷
南新宿
千駄ケ谷
信濃町
四ツ谷
地下鉄丸ノ内線
地下鉄南北線
千歳烏山
芦花公園
八幡山
上北沢
桜上水
松原
東松原
東北沢
参宮橋
代々木
北参道
国立競技場
豪徳寺
梅ヶ丘
新代田
代々木上原
代々木八幡
代々木公園
原宿
明治神宮前
小田急小田原線
山下
世田谷代田
下北沢
池ノ上
駒場東大前
神泉
渋谷
地下鉄半蔵門線
青山一丁目
登戸
千歳船橋
経堂
宮の坂
東急世田谷線
西太子堂
池尻大橋
表参道
外苑前
地下鉄銀座線
上町
世田谷
松陰神社前
若林
三軒茶屋
乃木坂
溝の口
代官山
恵比寿
地下鉄日比谷線
広尾
六本木
中目黒
二子玉川
用賀
桜新町
駒沢大学
祐天寺
学芸大学
不動前
武蔵小山
目黒
地下鉄南北線
東急田園都市線
高津
二子新地
上野毛
等々力
東急大井町線
都立大学
西小山
洗足
東急目黒線
荏原中延
戸越銀座
地下鉄三田線
白金台
地下鉄浅草線
武蔵溝ノ口
尾山台
緑が丘
大岡山
九品仏
新丸子
自由が丘
北千束
旗の台
五反田
武蔵中原
多摩川
奥沢
戸越
大崎広小路
大崎
湘南新宿ライン
武蔵小杉
東急東横線
田園調布
東急池上線
長原
洗足池
雪が谷大塚
石川台
荏原町
中延
戸越公園
南武線
菊名
日吉
元住吉
沼部
御嶽山
東海道新幹線
馬込
武蔵小杉
横須賀線・湘南新宿ライン
向河原
鵜の木
東急多摩川線
久が原
千鳥町
西馬込
西大井
下神明
大井町
新横浜
平間
下丸子
池上
武蔵新田
蓮沼
大森
鮫洲
立会川
大森海岸
平和島
大森町
梅屋敷
鹿島田
矢口渡
新川崎
矢向
蒲田
京急蒲田
尻手
雑色
六郷土手
糀谷
京急空港線
天空橋
大鳥居
穴守稲荷
羽田空港国際線
川崎
京浜東北線
八丁畷
京急川崎
京急大師線
東海道線
横浜
浜川崎
川崎大師

東京 五つ星の手みやげ ザ・レジェンド ◎目次

◉銀座・築地界隈

◉日本橋・人形町界隈

◉神田・神保町・九段界隈

◉谷中・千駄木・湯島・本郷・王子界隈

◉浅草・向島・亀戸・柴又界隈

◉新橋・赤坂・青山・麻布十番界隈

◉本書は2019年3月～7月の取材をもとに制作しております。
商品の価格等データは変動することがあります。
◉商品の価格は基本的に税込価格を表示しています。

- 銀座木村家／酒種あんぱん
- 和光ケーキ&チョコレートショップ／ショコラ・フレ
- 銀座千疋屋 銀座本店／デラックスゼリー
- ピエール マルコリーニ／チョコレート
- 銀座松﨑煎餅／大江戸松﨑 三味胴
- 鹿乃子／かのこ
- 銀座若松／あんみつ
- 銀座菊廼舎／冨貴寄
- 空也／空也もなか
- 銀座ウエスト／ドライケーキ
- 資生堂パーラー 銀座本店ショップ／手焼き花椿ビスケット
- 銀座鈴屋／甘納豆
- 紀州梅専門店 五代庵／梅干し
- ガルガンチュワ／シャリアピンパイ
- 清月堂本店／おとし文
- チョウシ屋／コロッケ
- つきぢ松露 築地本店／玉子焼
- 田中商店／紅鮭の粕漬け
- 茂助だんご／茂助だんご
- 塩瀬／本饅頭
- 佃宝／佃煮

銀座・築地界隈

GINZA・TSUKIJI

八重桜の塩漬けがほんのりきいた桜あんぱん。へそのある形もかわいらしい

銀座木《き》村《むら》家《や》の

酒《さか》種《だね》あんぱん

あんぱんの元祖としてあまりに有名な銀座木村家。西洋のパンで日本の餡をくるむという画期的な発想のあんぱんは、今から１４０年以上前に生まれた。

銀座木村家の初代・木村安兵衛が、日本人で初めてのパン店を開いたのは明治２年（１８６９）。しかし、当時はパン作りに欠かせないイーストが日本にはなく、代用品でまかなっていたことが、あんぱんの発明につながった。

パンの柔らかさを出すために苦労した安兵衛は、酒饅頭の酒種を利用することを考え、中身には饅頭の餡を入れることにした。こうしてできたのが酒種あんぱんだ。同７年に売り出したところ大評判を呼び、明治天皇にも献上され、たいそう気に入られたという。

銀座のメインストリート、中央通りに面した店の７階では、伝統の酒種を使ったあんぱんが現在も作り続けられている。明治天皇に献

あんぱんの本家本元が今も銀座の真ん中で手作り

焼き上がり後に木箱で寝かせることで艶としっとりとした味わいが生まれる

左）銀座ピロシキ、
右）シェフのミートパイ

人気のスコーン／
左）プレーン、中）レーズン、右）抹茶

上した当時のままの、八重桜の塩漬けを中央に添えた桜あんぱんを始め、季節のものも含め、常時10種類ほどが揃う。5日間ほどは日持ちするから、地方へのみやげにもいい。このほかサクッとした味わいが魅力のスコーンや、銀座ピロシキ、シェフのミートパイなど、評判の商品は多彩で、合わせて120種類ほどのパンが毎日作られている。

熟練した職人が、手で
一つひとつ餡をくるむ

お品書き

酒種あんぱん
(桜、けし、小倉、白、うぐいす) 1個170円
クリームパン、ジャムパン‥‥ 各200円
スコーン
(プレーン、レーズン、抹茶ほか) 1個240円
銀座ピロシキ1個‥‥‥‥‥‥‥‥‥300円
シェフのミートパイ1個‥‥‥‥‥‥330円

銀座木村家

☎03(3561)0091
中央区銀座4-5-7
地下鉄銀座駅 A9出口から徒歩すぐ
営業時間　10時～21時
定休日　無休
駐車場　なし
地方発送　酒種あんぱんのみ可能

飾りのないスタイルながら味わい豊かなショコラ・フレ

和《わ》光《こう》ケーキ&チョコレートショップの

ショコラ・フレ

フランス語で生チョコレートを意味する「ショコラ・フレ」の専門店として昭和63年（1988）オープン。フランス製の最高級原料チョコレートと新鮮な生クリーム、くだものやナッツ、蜂蜜など、世界中から選りすぐった素材を使い、約30種の生チョコレートを一粒一粒丁寧に手作りしている。

カカオの苦みが生きるグアナラ、木いちごの酸味がきいたフランボワーズ、オレンジ風味のチョコクリームが入ったマントンなど、どれもパリッと硬いチョコレートの殻の中に柔らかなガナッシュがひそみ、なめ

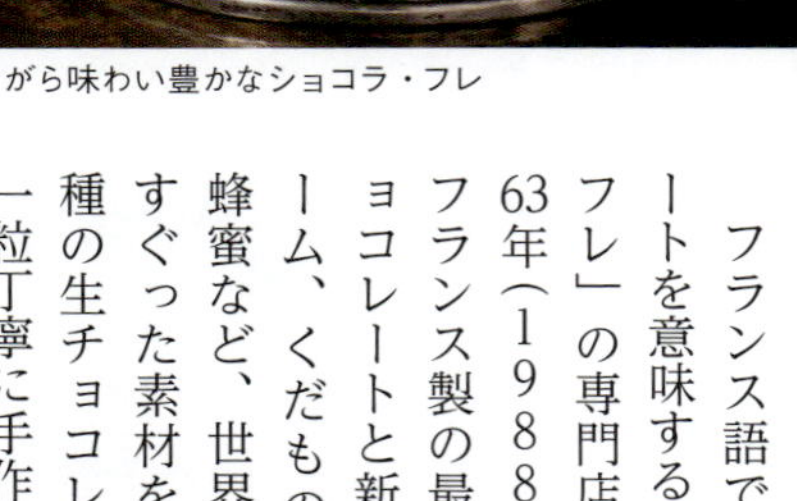

ピエールジョセフはコニャック入りのチョコレートケーキ

絹のようになめらかな口溶けのフレッシュなチョコレート

らかな口どけが持ち味。食感を大切にするため、飾りを極力減らしたシンプルな形が特徴。オレンジピールにチョコレートをコーティングしたオランジェットや、洋酒入りのトリュフもひと味違って高級感が漂う。

高級感漂う店内

　ほかにフランス伝統菓子のマカロンや、小麦粉をほとんど使わず、チョコレートがそのままケーキになったような濃厚な味わいのチョコレートケーキも好評。最高級のコニャックをふんだんに使ったピエールジョゼフは男性のファンも多いとか。

「大人のためのチョコレートショップ」のコンセプト通り、店内には風格と気品が漂い、まさに大人の街・銀座四丁目にふさわしい。

お品書き

チョコレート1粒	260円～
オランジェット 80g	2,000円
トリュフアソート(6個入り)	1,800円
チョコレートケーキ	600～700円

和光アネックス ケーキ&チョコレートショップ

☎03(3562)5010(チョコレート直通)
☎03(5250)3102 (ケーキ直通)
中央区銀座4-4-8
地下鉄銀座駅 B1出口からすぐ
営業時間　10時30分～19時30分(日曜、祝日は～19時)
定休日　年末年始
駐車場　なし
地方発送　チョコレート可

ふんわりした食感が楽しめるトリュフ

透明感が涼を呼ぶデラックスゼリー２種

銀座千疋《せんびき》屋《や》 銀座本店の

デラックスゼリー

フルーツ専門店として名高い銀座千疋屋は、明治27年（1894）創業。大正2年（1913）にわが国初のフルーツパーラーを開き、フルーツ入りのカクテルにヒントを得たフルーツポンチを考案、一方で果物をデザートとして定着させるなど、日本の食文化発達の一翼を担ってきた。

店舗1階のフルーツショップには、定評あるフルーツギフトのほかジュースやゼリーなどの加工品も揃い、いずれも季節の贈答品として親しまれている。

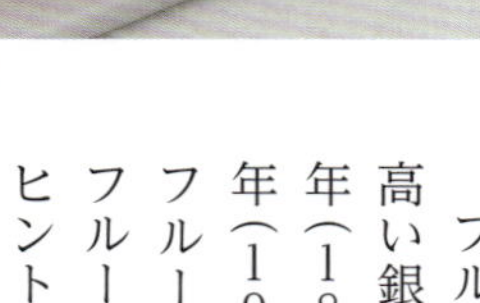

旬の味をゼリーに閉じこめた果実ゼリー

フルーツショップの冷蔵ケースでひときわ目を引くのが、中身をくりぬいたオレンジやグレープフルーツの皮を、そのまま器に使ったデラックスゼリー。味わい、香りともさわやかな柑橘類のゼリーが、それぞれの皮の器にたっぷりと入っている。夏にはゼリーの透明感がいかにも涼しげだ。

生の皮を使っているため日持ちはしないが、ほかに白桃、甘夏、洋梨など、季節のフルーツをゼリー仕立てにした果実ゼリーがあり、こちらはギフトにも最適。季節を問わず人気がある。

ジュースやジャム、ドライフルーツ、コンポートなど、ほかにも手みやげにいい商品が充実。旬のフルーツをシロップに漬けたコンポートは、アイスクリームやヨーグルトに添えたりといろいろ楽しめる。

フルーツ専門店ならではのこの香り高さ、新鮮さ

1階のショップには季節のフルーツがぎっしり

ジャムとフルーツコンポートは贈答品の定番

お品書き

デラックスオレンジゼリー1個	600円
デラックスグレープフルーツゼリー1個	700円
果実ゼリー 各1個	800円
フルーツコンポート各1個	1,500円
ジャム各1個	800円

銀座千疋屋 銀座本店

☎03(3572)0101

東京都中央区銀座 5-5-1

地下鉄銀座駅 B5出口から徒歩1分

営業時間 10時〜20時(日曜・祝日は11時〜18時)

定休日 年末年始

駐車場 なし

地方発送 可能(デラックスゼリーは沖縄、離島は不可)

さまざまなアソートをラインナップ。ギフト用ボックスのデザインもすばらしい

ピエール マルコリーニの
チョコレート

平成13年にセンセーショナルなオープニングで話題を呼んだ、ベルギー王室御用達のショコラティエ、ピエール・マルコリーニ。そのチョコレートは、毎年世界のカカオ豆の産地に赴いて最上のものを選び抜き、焙煎からこだわるなど、非常に質が高いことで知られている。

カカオを最良のバランスでブレンドした「ピエール マルコリーニ グラン クリュ」、ホワイトチョコレートの中にフランボワーズで香りづけしたビターガナッシュを忍ばせた「クール フランボワーズ」など30種ほどが揃うチョコレートは、どれもクリームのように滑らかな口どけ。エキゾチックな香り、極上のカカオの風味、そして洗練された色と形は、まさにチョコレートの芸術品として世界中のファンを魅了している。

アジア1号店の銀座ショップは、店舗の1階がチョコレートショップ。2～3

カカオの風味が豊かに薫る
全女性憧れのひと粒ひと粒

店頭にはベルギーから輸入されたばかりのチョコレートなどが並ぶ

階のカフェには、カカオの味わいをストレートに楽しめる「シンプル・ホットチョコレート」ほか、オリジナルレシピのメニューがいっぱい。開店前から行列ができるほどの人気を集めている。

代表作は、名前を冠にした高カカオの
「ピエール マルコリーニ グラン クリュ」

お品書き

ピエール マルコリーニ1粒 ……295円
クール フランボワーズ1粒………295円
エスカルゴ1粒 ………………295円
※時期により1粒の案内ができない場合がある

ピエール マルコリーニ銀座本店

☎03(5537)0015
中央区銀座5-5-8
地下鉄銀座駅 B3出口から徒歩2分
営業時間　11時〜20時(日曜、祝日は〜19時)
定休日　年末年始
駐車場　なし
地方発送　可能

さっくりと食べやすい 伝統の小麦粉せんべい

職人が一枚ずつ丁寧に花鳥風月を描きだす、風流な大江戸松崎三味胴

銀座 松崎煎餅《まつざきせんべい》の
大江戸松崎 三味胴《しゃみどう》

創業は文化元年（１８０４）。銀座に店を移してからもすでに１５０年以上がたつ、銀座の老舗中の老舗。もともと和菓子店だったが、銀座に移った際に向かいが和菓子店だったため、遠慮してせんべいを商うことにしたという。当時のせんべいといえば、小麦粉と砂糖だけを使う瓦せんべいが一般的だったが、明治初期に３代目が卵を混ぜて高級なせんべいを作り、さらに大正時代には５代目がコテで焼き印をつけ、糖蜜で絵柄を描き込んだ名物の大江戸松崎三味胴が誕生した。

素材など昔にも増して厳選したものを使う現在の大江戸松崎三味胴だが、四角い形とさっくりとした歯ざわりは昔と変わらない。

図柄も春なら桜や蝶、夏にはヒマワリや花火など、季節ごとに入れ替わり、見る楽しさもある。風流な伝統柄だけでなく、季節行事のかわいいイラストの絵柄も好評。

草加せんべい、あられやおかきも、それぞれ種類が豊富

結婚式や内祝いのプレゼント用に、名前やオリジナルの図柄を入れることもできる（要予約）。ほかに小麦粉のせんべいには格子柄、豆入りなどがある。

米を使った商品も、薄焼きで食べやすい草加せんべいや、海苔を巻いたり揚げたりなど趣向を凝らしたあられやおかきなど豊富に揃っている。厚焼きの草加せんべいは、パリッとした歯ごたえが好ましい。

パック入りのほか、各種詰め合わせも種類が揃い、銀座の手みやげとして親しまれている。

お品書き

大江戸松崎 三味胴１枚 ‥‥‥‥‥‥130円
大江戸松崎 暦（8枚入り〜） ‥ 1,000円〜

銀座 松﨑煎餅 本店

☎03(6264)6703

中央区銀座5-6-9 銀座Ｆ・Ｓビル
地下鉄銀座駅 A1出口から徒歩3分
営業時間　11時〜20時
定休日　無休（年末年始を除く）
駐車場　なし
地方発送　可能

愛らしい形で親しまれている栗かのこ（左）と鶯かのこ（右）

鹿乃子《かのこ》の かのこ

銀座の中心、銀座4丁目交差点そばに店を構える昭和21年（1946）創業の和菓子店。和紙店鹿島の子どもが始めたのが店名の由来。昭和30年頃に創作した店名と同じ名前の菓子「かのこ」が話題となり、やがて銀座みやげとして定着した。

かのこは求肥《ぎゅうひ》の芯を餡でくるみ、さらに蜜漬けの豆で包んだ江戸時代から伝わる和菓子だが、この店では、伝統の小倉餡の小倉かのこだけでなく、栗かのこ、鶯かのこ、京かのこ、しぼりかのこ、うずらかのこの5種を新たに作り、同じかの

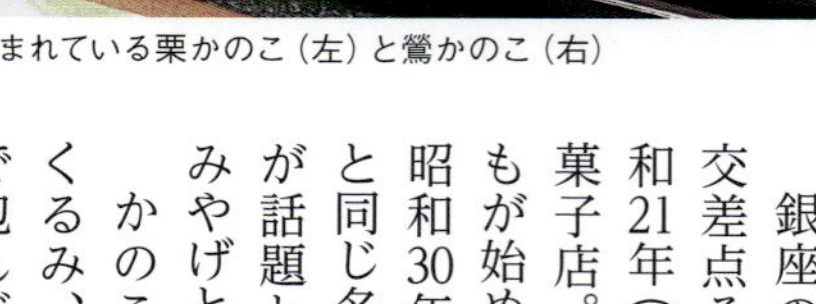

店は三愛西側のすずらん通り沿いにある

豆の風味がじっくり味わえる
柔らかな口当たりの生菓子

美しい化粧箱入りの花かのこ

こでも、味の変化を楽しめるように工夫した。

栗かのこにはその時期の一番おいしい栗を用い、餡は黄身餡。小倉かのこには黒糖の風味を加えた特別に太らせた大納言小豆を合わせ、青えんどうの鶯かのこには抹茶餡、虎豆のしぼりかのこにはあっさりとした赤餡、大正金時豆のうずらかのこには塩餡など、それぞれの豆に合った餡を使っている。

最上級の素材を使うのはもちろんだが、今も機械は使わず、一釜一釜職人自らが指で触れながら豆の炊き具合を見守るのが、変わらぬ味の秘訣だ。

かのこには、大粒の花かのこと、ひと口サイズの姫かのこの2サイズがあり、さらに、かのこと季節の菓子を2個パックにした花ぱっくや、かわいい化粧箱入り、日持ちのする密封パックも揃えるなど、持ち運びや目的に合わせて商品を選べるように工夫されている。

お品書き

姫かのこ５個入り（サービス箱）‥780円～
花かのこ６個入り（花化粧箱）‥ 1,600円～
花ぱっく（小倉２個入り）　‥‥‥480円～

鹿乃子 本店
☎03(3572)0013
中央区銀座5-7-19
地下鉄銀座駅 A1出口からすぐ
営業時間　10時30分～19時（土曜、祝前日は～20時）
定休日　元旦
駐車場　なし
地方発送　可能

そのまま持ち帰れるカップ入りのあんみつ。奥は、あんみつと並んで人気がある白玉あんみつ

銀座若松の あんみつ

銀座を代表する甘味として知られる、若松のあんみつ。上野で菓子店を開いていた初代森半次郎が、明治27年（1894）に銀座尾張《おわり》町《ちょう》（現在地）に店を開いたのが始まり。当時はていねいに作る小豆餡の味わいが好まれて、汁粉が評判になったという。

　餡をもっと食べたいとの客の要望から、2代目が昭和5年（1930）に考え出したのがあんみつだ。それまでは駄菓子だったみつまめに、和菓子店の上質な餡をドッキングさせ、さらに甘い蜜をかけたところ、これが大成功をおさめた。専売特許にすることなく公開したことで、あんみつは現在の甘味のスタンダードに成長した。

　あんみつの製法は昔と同じ。伊豆七島産のテングサで作る寒天、北海道の小豆を使った自家製餡、北海道の赤えんどう豆の塩味が、味をきりりと引き締める。

　現在の店は、銀座通りに

歌舞伎役者にもファンが多い あんみつ元祖の粋な味わい

店内でいただくあんみつはボリュームたっぷり

飾り気のない店内で自慢のあんみつをじっくり味わいたい

面したビルの奥まったところにある。場所は意外に分かりにくいが、昼を過ぎる頃には、店内は買い物途中にひと息つく女性でいっぱいだ。歴史がある店だけに、親子数代にわたるファンも多く、近くに歌舞伎座がある関係から、歌舞伎役者にも親しまれている。

テイクアウト用の売店と喫茶室があり、店内で一服してあんみつを食べ、さらにみやげ用に求める人も多い。蜜は白蜜、黒蜜のどちらかを選ぶことができる。あんみつと並んで、みやげ用には白玉あんみつも好評。

お品書き

みやげ用あんみつ	600円
あんみつ（店内）	950円
クリームあんみつ	1,100円

銀座若松

☎03（3571）0349

中央区銀座5-8-20 銀座コア1F

地下鉄銀座駅A3出口からすぐ

営業時間　11時～20時

定休日　無休

駐車場　なし

地方発送　不可

めでたい絵柄が好評の冨貴寄赤丸缶

銀座菊廼舎《きくのや》の 冨貴寄《ふきよせ》

季節の移ろいを繊細な色や姿で表現するのが京和菓子なら、江戸文化の華ともいうべき「粋」を取り入れたのが江戸和菓子といえようか。その独特の洒脱な趣は、特にこまかな細工物などに色濃く感じられる。

銀座菊廼舎は明治23年（1890）創業、粋の心を受け継いだ和菓子を作りつづけている店だ。

大正5年（1916）創案の代表銘菓・冨貴寄は、ハッカ糖やバターを使用していない和風クッキー、落雁など、小さな干菓子30種類以上を「吹き寄せ」たもの。ひと粒ごとに異なる形や彩り、食感、味わいが楽しめる。これに砂糖がけの落花生、黒豆、金平糖などを加えて、約40種ほどを味わえる新しい冨貴寄もあり、こちらも好評だ。もともとの冨貴寄が青、新しい冨貴寄が赤いパッケージで、小さな袋入りから大きな缶入りまで各種揃っている。贈答には、打出の小槌や金箱、金ぶく

缶の中に可愛い干菓子が30種以上
江戸の味をさまざまに楽しむ

新旧の味がマッチしたマカダミアナッツ揚げまんじゅう

ろなど、縁起のいいさまざまな図柄が描かれた丸缶が手ごろ。

近頃、特に若い人に人気があるのが、こし餡の饅頭にマカダミアナッツをまぶして油で素揚げしたマカダミアナッツ揚げまんじゅうだ。和洋折衷の新しい味は本店はもちろん、東京駅、渋谷のれん街でも飛ぶような売れ行きという。

冨貴寄特撰缶 JAPAN（小缶）

お品書き

冨貴寄特選缶 JAPAN（小缶）‥‥	2,500円
冨貴寄赤丸缶‥‥‥‥‥‥‥‥‥‥	1,400円
マカダミアナッツ揚げまんじゅう1個 ‥‥	200円

銀座菊廼舎 本店

☎03（3571）4095

中央区銀座5-8-8 銀座コアB1

地下鉄銀座駅A4出口からすぐ

営業時間　11時～20時

定休日　無休

駐車場　銀座コア有料駐車場利用

地方発送　商品により可能

箱を開けると、皮と餡の香ばしさが鼻をくすぐる

空也《くうや》の空也もなか

銀座の並木通りにある和菓子店。玄関には、ただ「空也もなか」と書かれた暖簾が下がるだけで、引き戸の奥に帳場があるのみの飾りのない構え。だが、銀座の名店として知られた存在で、空也もなかは予約なしではなかなか買えない。

店の歴史は古い。明治17年（１８８４）に上野池之端《いけのはた》に創業。初代が関東空也衆のひとりだったことから、空也念仏にちなんで店名をつけたという。創業当時の池之端といえば文人や芸術家が好んで住んだところでもあり、空也の菓子も多くの文学作品に取り上げられている。なかでも夏目漱石の『吾輩は猫である』には、名物だった空也餅が何カ所にも登場する。第二次世界大戦後は上野から銀座に移るが、素材を大切にした自家製、という基本は、今も守り通している。

看板の空也もなかは瓢簞型。焦げた皮が独特だが、これは初代が９代目団十郎を訪ねた折、古い最中を火鉢で温めて出したところ、その皮が焦げて香ばしく、最中の味を引き立てたことに由来するという。

　最中は餡と皮だけという極めてシンプルな菓子だけに、素材のよし悪しがすぐに出る。最上の小豆をていねいに仕上げた餡は甘味が豊かなため、やや濃いめに入れた日本茶との相性が抜群だ。添加物、保存料は一切用いないが、火入れが完璧なため一週間は日持ちする。作りたてを買い求めてすぐに食べると皮がまだなじんでおらず、ぱりぱりした皮が空也の特長と感じる人も多いそうだが、店では一日ほど置いて、しっとりと皮と餡がなじんだ頃の味がおすすめという。また、できるだけ安く提供するため、過剰な包装など一切なく、地方発送にも応じていない。毎日作る量が決まっているだけに、予約だけで売り切れてしまい、購入するには必ず予約が必要など、買う側にとってはなにかと不便な店ではあるが、手間を惜しまずに求めるだけの価値はある。

　空也もなかのほか、生菓子も作るが量はわずか。空也餅は冬場に時折販売する。

シンプルなスタイルの最中は餡と皮のハーモニーが命

禅の心にも通じる、素朴だが奥の深い味わい

お品書き

空也もなか10個入り（自家用箱）1,100円～

空也

☎03(3571)3304

中央区銀座6-7-19

ＪＲ有楽町駅から徒歩8分

営業時間　10時～17時（土曜は～16時）

定休日　日曜、祝日

駐車場　なし

地方発送　不可

さっくりしたドライケーキ。どれも大ぶりで食べ応えがある

銀座ウエストの
ドライケーキ

東京みやげの定番として愛されてきたドライケーキは、クッキーやパイ10数種類がある。どれもさっくりとして、ほどよい甘さが紅茶やコーヒーによく合う。

銀座7丁目の外堀通り沿いに、昭和22年（１９４７）に創業した銀座ウエスト本店。当初はレストランとして開業したが、開店半年後に製菓部分のみを残して喫茶店として再出発した。主力商品は生ケーキだったが、昭和30年代後半にドライケーキを発表し、これがヒット。ロングセラーとなり、銀座ウエストの名を一躍高めることに。

人気の一番の理由は、よい素材を選び、すべて職人の手作業で手間を惜しまず作っていることだろう。例えば、リーフパイは指定の原乳とフレッシュバター、小麦粉を使い、２５６層にも折り畳み、木の葉の形に成形する。赤いジャムがかわいいクッキーのヴィクトリアは、一度焼いた厚めの

さくっと軽い歯ごたえのリーフパイやクッキー

クッキー生地の真ん中に国産いちごジャムを落としてさらに焼き上げている。

もう一つ、看板商品となっているのが圧倒的な大きさのシュークリームだ。薄いシュー皮に包まれた、たっぷりのカスタードクリームは甘さ控えめ。中身が生クリームのクリームパフと、ゴルゴンゾーラチーズ風味のゴルゴンゾーラパフもある。手みやげにもいいが、店内で味わう人も多い。

売店奥にある喫茶室はレトロなたたずまい。生ケーキも、昔ながらの定番から季節限定品まで種類豊富で、ゆったりと味わえる。

蓋を開ければ思わず顔がほころぶ箱詰め

生ケーキの種類も豊富

大きなシュークリームは男性のファンも多いとか

お品書き

ドライケーキ13個入り	2,400円
リーフパイ8枚入り	1,200円
シュークリーム1個	380円

銀座ウエスト本店

☎03(3571)1554
中央区銀座7-3-6
地下鉄銀座駅C3出口から徒歩3分
営業時間　9時～22時(土・日曜、祝日は11時～20時)
定休日　無休
駐車場　なし
地方発送　可能

黒い缶もおしゃれな手焼き花椿ビスケット

資生堂《しせいどう》パーラー 銀座本店ショップの

手焼き花椿《はなつばき》ビスケット

明治35年（1902）、日本初のソーダ水と、当時まだ希少だったアイスクリームの製造販売を行う「ソーダファウンテン」コーナーとして、資生堂薬局内に生まれた資生堂パーラーは、ソーダ水1杯に化粧水をサービスする画期的な商法が評判を呼び、たちまち銀座の名物店になったという。

昭和3年（1928）に、本格的な西洋料理店を開設。この頃から「花椿ビスケット」の販売も始めた。定番品をさらに洗練させ、選び抜いた素材を使い、一枚一枚手焼きするこの「手焼き花椿ビスケット」は、銀座中央通りに面した、資生堂パーラー洋菓子販売のフラッグシップショップである

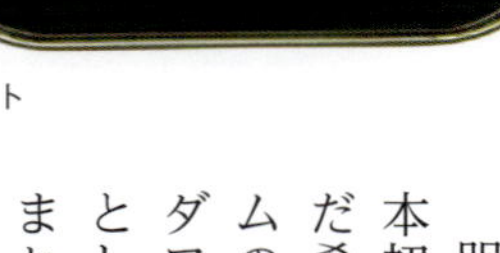

濃厚で贅沢な味わいのチーズケーキ。チーズよりもチーズらしいと評判

優雅な雰囲気をまとった
銀座本店ショップ限定の一品

どれもかわいいギフト用パッケージ

1902年の資生堂薬局内「ソーダファウンテン」コーナー

15 種を超えるレトルト商品。レストラン
味を家庭で楽しめる

銀座本店ショップ限定バージョン。代表商品として欠かせない存在である。

そのほかにも洋菓子開発は進み、プレーンタイプと、季節替わりが登場する濃厚なチーズケーキやサブレなど、現在も定番とされるロングセラーは数多い。

伝統の洋食を手軽に味わえるレトルト製品も、店を代表する人気商品の一つ。カレーやシチュー、スープなど商品展開は多彩だが、新たに神戸牛スペシャルグルメシリーズとグルテンフリーシリーズが登場、さらに魅力を増している。

お品書き

手焼き花椿ビスケット40枚入	4,860円
チーズケーキ6個入	1,836円
ビーフカレー1パック	540円
神戸牛のビーフシチュー1パック	1,728円
野菜カレー1パック	540円
ミネストローネグルテンフリー1パック	540円

資生堂パーラー 銀座本店ショップ

☎03(3572)2147

東京都中央区銀座8-8-3

地下鉄銀座駅 A2出口から徒歩7分

営業時間　11時～21時

定休日　年末年始

駐車場　なし

地方発送　可能(一部不可)

※2019年8月26日～10月31日まで改装休業(仮店舗にて一部営業)

黄金色に輝く栗甘納糖。甘さの加減がいい

銀座鈴《すず》屋《や》の

甘納豆

昭和26年（1951）の創業以来甘納豆ひと筋。看板の栗甘納糖はその年に収穫された栗を、自社で甘納豆に仕上げる。ベテランの職人が手で炊くのがほっこりとした味の秘訣。平成14年からはむき栗のほか、渋皮付きの栗甘納糖も売り出し、こちらも好評。渋皮をつけたまま炊き上げているため、実が柔らかく仕上がる。ほんのりとした渋みが絶妙で、渋皮にはタンニンが多く含まれているため、体にもよさそうだ。

ほかに、定番の大納言、白いんげんの大福豆、鶯、虎豆、お多福豆（そら豆）、丹波黒豆など、見た目もきれいで華やかな甘納豆が揃う。栄養豊富な蓮の実を甘納豆にしたのも銀座鈴屋が最初。甘くほろ苦い味わいが独特だ。

甘納豆は漂白剤や保存料、着色料などを使用しない自然食品。ミネラルやビタミンも豊富に含まれ、現代人の食生活の補助食品として

ふっくら柔らかく炊いた
色合いもきれいな甘納豆

上）箱の六角亀甲模様もめでたい縁起物の「華やぎ」

左）店頭ではていねいに商品の相談にのってもらえる

も最適だ。お茶請けとして日本茶ばかりでなく、コーヒーや紅茶にもおすすめ。

手みやげに人気なのは、六角亀甲型の折り詰めに6種類を詰め合わせた「華やぎ」。一度にさまざまな味が楽しめて彩りもきれいだ。小分けの袋入りで食べやすいサイズの「福味甘納豆」や、釜から揚げ立てそのままの風味を生かした缶入りの「釜出し甘納豆」もある。

甘納豆のほか、技術を生かした栗ぜんざいも親しまれている。ふっくらと炊き上げた小豆と栗の味わいが舌とおなかにやさしい。

お品書き

華やぎ	1,500円～
福味甘納豆	350円～
釜だし甘納豆	300円～

銀座鈴屋 銀座本店

☎03(3571)3489

中央区銀座8-4-4
JR 新橋駅から徒歩5分

営業時間　10時～21時
定休日　土・日曜、祝日
駐車場　なし
地方発送　可能

特に粒が大きい「紀州五代梅の心」。一度食べるとその味のとりこになってしまう

紀州梅専門店 五代庵《ごだいあん》の

梅干し

梅の里として知られる和歌山県みなべ町に、天保5年（1834）から続く㈱東農園。五代庵は、その直営店として東京にオープンし、人気を集めてきた。当初は東急東横線都立大学駅から少し離れた商店街に店を構えたが、その後移転。現在は、銀座店に幅広い層のファンが訪れる。

　店頭を飾るのは、きれいな瓶に入ったさまざまな梅酒。梅のジュースや菓子、調味料など、パッケージも楽しい梅製品が並び、しゃれた雰囲気が漂う。

　もちろん、メインは本場紀州南高梅の梅干し。天日干しの梅を樽で寝かせた後、はちみつ・みりんを加え、秘伝の二度漬けで通常の2倍、1カ月ほど熟成させた「紀州五代梅」が看板商品だ。

　なかでも大粒の「紀州五代梅の心」がみやげに喜ばれている。塩加減がよく、果肉もやわらかくまろやかで、お茶うけにもいい。ギフト用のパッケージは高級

本場紀州の南高梅を
じっくり熟成させた逸品

上）紀州五代梅の心のふっくらした甘みは、お茶うけにぴったり
左上）多彩な梅製品が並ぶ店内

梅塩を添えれば生野菜もおしゃれな一皿に

感があり、好感度の高い贈答品として注目を集める。

　小さなパッケージもあって、普段使いやちょっとした手みやげに最適。白干や黒糖黒酢、こんぶ味などさまざまなタイプの梅干しもある。

　梅干しを漬けた後に残る梅酢からできた梅塩も人気。ほんのりした酸味が特徴の、カリウムなどのミネラルをたっぷりと含んだ健康食品だ。姉妹品に、梅塩に白ゴマを混ぜた梅胡麻も。

　工夫を凝らし、紀州梅の魅力を生かした新しい商品を生み出し続けている。

お品書き

紀州五代梅の心1粒	400円
紀州五代梅の心10粒入り	3,200円
紀州五代梅の心16粒入り	5,000円
五代庵梅塩260g1袋	500円

紀州梅専門店 五代庵 GINZA

☎03(3571)5858

中央区銀座8-2-10 誠和シルバービル 1F　JR 新橋駅銀座口、または地下鉄 5 番出口から徒歩 4 分

営業時間　11時～22時（土曜は～18時）
定休日　日曜・祝日
駐車場　なし
地方発送　可能

帝国ホテル自慢の味をアレンジしパイで包んだシャリアピンパイ

ガルガンチュワの

シャリアピンパイ

「帝国ホテルの味をご家庭で」をコンセプトに、ホテルメイドの料理やパン、ケーキ、監修レシピの缶詰のほか、クッキー、コーヒーなどを手軽にテイクアウトできるガルガンチュワ。

代表的商品のシャリアピンパイは、平成15年、店のリニューアルを機に作られた。

かつて一世を風靡したロシアの名オペラ歌手、フョードル・シャリアピンが昭和9年（1934）に来日し帝国ホテルに宿泊した際、求めに応じて当時の筒井シェフ考案のステーキを出した。その味に感激したシャリアピンは以後たびたび注文したという。これにちなんで名づけられたシャリアピンステーキは、今や帝国ホテルを代表する名物料理。

その繊細な味を封じ込めて持ち帰り用にアレンジしたのがシャリアピンパイだ。丁寧に炒めたタマネギのソテーが風味を添えるやわらかな牛肉を、サクッとしたパイ生地で包んだ逸品。オ

帝国ホテルオリジナルの味を自宅の食卓で楽しむ

ブルーベリーパイは定番の人気商品

ードブルにもメインディッシュにもふさわしい。
　ブルーベリーパイは開店以来のロングセラー。さくさくのパイ生地に濃厚な味のブルーベリー・フィリングがたっぷり入っている。サイズは直径9センチから18センチまで3種類。

　毎日焼くパンも種類豊富。世界大会で金賞を受賞したインペリアル・オランジュほかハード系からデニッシュまで、約40種類が揃う。
　コンクールへの出場も積極的に行っており、受賞作品や季節の味がショーケースを飾る。

お品書き

シャリアピンパイ…………… 3,000円
ブルーベリーパイ9cm………… 760円
抹茶のケーキ「テ ヴェール」…… 3,600円
フルーツケーキ「オーチャード」 11,000円

帝国ホテルショップ ガルガンチュワ

☎03(3539)8086

千代田区内幸町1-1-1
帝国ホテル 東京　本館1F
ＪＲ有楽町駅から徒歩5分

営業時間　8時～20時
定休日　無休
駐車場　帝国ホテル有料駐車場利用
(税込3,000円以上の買い物で2時間無料)
地方発送　不可(缶詰、クッキーなどは可能)

おとし文。ほろりとこぼれる餡の繊細なこと

清月堂《せいげつどう》本店の

おとし文《ぶみ》

明治40年(1907)、旧京橋区木挽町《こびきちょう》で創業。開業間もない頃の8月、水羊羹や葛桜を売り出したところ、周辺に料理店が多かったことと、また折からの暑さも手伝って飛ぶように売れたという。以来、季節に合わせて作る生菓子が、手みやげとして広く長く愛されてきた。

老舗ながら伝来の味に頼ることなく、みずからの代に必ず新しい菓子を考案する「一代一菓」を心得としており、現在の4代目も若い感覚の創作菓子をラインナップに加えている。

黄身餡をこし餡で包んで蒸したおとし文は、3代目が考案したこの店を代表する創作銘菓。やわらかな口どけと和三盆糖のほんのりした甘さが上品だ。桜の花の塩漬けを使った麗《うらら》、紀州梅と餡を合わせた梅餡入りの清《さやか》、粉に挽いた新茶と宇治抹茶の香り高い抹茶餡入りの萌《もゆ》など、季節の情感にあふれたバリエーション、

餡がほろほろとこぼれる 愛らしくも上品な和菓子

貫禄を感じさせる落ち着いた店内

お品書き

おとし文5個入り	700円
旬のおとし文“稔”4個入り	700円
ごま餅5個入り	700円

清月堂本店

☎03(3541)5588

中央区銀座7-16-15

地下鉄東銀座駅から徒歩5分

営業時間　9時30分～19時
（土曜は～18時）

定休日　日曜、祝日

駐車場　なし

地方発送　可能

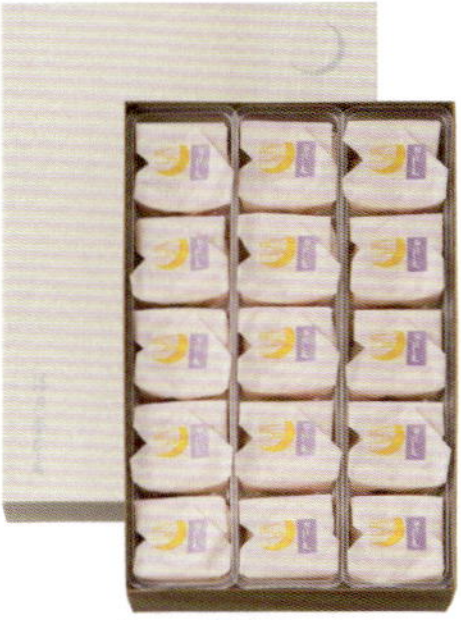

おとし文 15 個箱入りもある

旬のおとし文もある。

黒ゴマを練り込んだ黒ゴマだれの餡が香ばしいごま餅、刻んだ栗の実入りのパイ銀座だより、あっさりした小豆餡を四角く成形したあずま銀座など、ほかにも東京らしい小粋な菓子が揃う。

２代目・３代目と味を守ってきたコロッケ。ほくほくと舌にやさしい

チョウシ屋の
コロッケ

銀座南部、かつて木挽町《こびきちょう》の名で呼ばれた一帯は、今でもそこはかとなく下町情緒を感じさせる。

チョウシ屋はそんな町角に建つ、一見どこにでもある店構えの精肉店。しかしこの店こそ惣菜の帝王・ポテトコロッケの元祖なのだ。

千葉県銚子出身の初代・阿部清六さんが現在地の旧木挽町に店を開いたのは昭和２年（１９２７）。日比谷の洋食店で働いていた経験を生かして新しいコロッケを考案した。当時コロッケといえばクリームコロッケのことで、レストランでしか食べられない高級料理だった。そのコロッケをひと工夫、ジャガイモにひき肉を混ぜた具を平たく小判形に形どりして、油で揚げた。

こうして誕生したポテトコロッケの値段は、レストランで食べるクリームコロッケの約10分の1。たちまち評判が評判を呼び、店頭にはポテトコロッケを求める長蛇の列ができたという。

コロッケパンはランチにおやつに超がつく人気

揚げ物惣菜で断トツの人気 コロッケは生粋の銀座っ子

オリジナルの味を３代目が受け継いでゆく

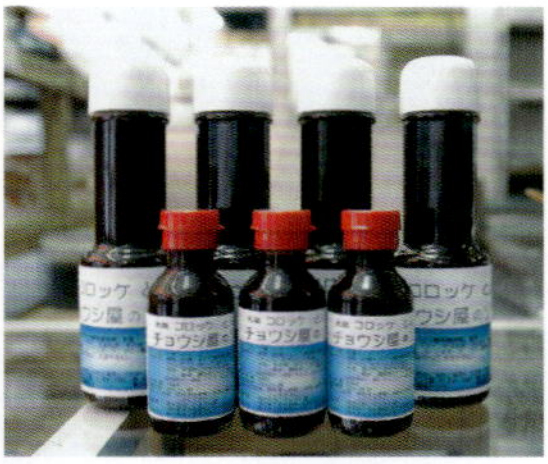

コロッケによく合うオリジナルソース

清六さんは誰にでも気軽にレシピを教えたため、ポテトコロッケは瞬く間に全国津々浦々に広がり、つれてコロッケ＝ポテトコロッケの常識も定着した。

元祖ポテトコロッケ作りは朝４時過ぎ、男爵イモを１個１個手で洗うことから始まる。ジャガイモとひき肉、タマネギだけのシンプルな具を塩、コショウで味を調え、ラードでからりと揚げる。昼どきには行列ができる銀座のコロッケ。そのコロッケをコッペパンや食パンに挟んだコロッケパンも郷愁を誘う味だ。

お品書き

コロッケ1個	200円
コロッケパン1個	330円
メンチカツ1枚	210円
ハムカツ1枚	200円

チョウシ屋

☎03(3541)2982

中央区銀座3-11-6

地下鉄東銀座駅から徒歩2分

営業時間　11時～14時、16時～18時

定休日　月・土・日曜、祝日

駐車場　なし

地方発送　不可

色合いもあざやか、ボリュームもたっぷりの玉子焼

つきぢ松露《しょうろ》 築地本店の
玉子焼

築地場外市場にあり、いつも賑わっている玉子焼専門店。戦前までは寿司店だったが、戦後寿司用の玉子焼専門店に転進。昭和27年(1952)に会社組織に。転機になったのが昭和58年(1983)の三越出店。デパートで人目にふれることにより、次第にその名を知られるようになった。

寿司用(業務用)の大きさだったものを一般家庭向きに小さなサイズにしたり、うなぎや松茸などの具を入れた玉子焼を作ったこともいっそう評判を高めた。

看板の玉子焼、松露は、あっさりしていながらコクもある味わい。変わらぬ味と届けるため、昔のままの変わらぬ味と定評のある茨城の養鶏場「都路《みやこじ》のたまご」の卵を使っているのも味の秘密。厳選した卵そのものの味に加え、秘伝のだしが後味を引き締めている。市販の糖度が高い玉子焼とは、ひと味違う食感だ。

具入りの玉子焼では、白

築地場外で引っ張りだこのコクのある玉子焼

店舗の奥の工場で職人が一つひとつ順番に焼き上げていく

焼のウナギを巻き込んだう巻が、おかずにも酒の肴にもよく合う一品。ほかにも、岩間《いわま》の和栗を入れたみのり、香り高い松茸を入れて丹誠込めて焼き上げた松茸焼（9～12月）、ねぎの風味がいい合鴨焼、風味のいい国産青のりをちらしたとびたまなど、種類豊富に揃う。甘味と酸味のハーモニーがおもしろい梅干し入りの紀州、玉子焼は甘いものとの常識を覆す、しっかりした辛さの辛党など、常に新しい味の追求を続けているのも人気の秘密といえそうだ。

お品書き

松露	680円
辛党	800円
紀州	950円
合鴨焼	1,100円

つきぢ松露 築地本店

☎03(3543)0582

中央区築地4-13-13

地下鉄築地駅から徒歩5分

営業時間　6時～15時

定休日　無休

駐車場　なし

地方発送　可能

趣味から始めた粕漬けが今では評判の看板の味

色合いもきれいな紅ざけの粕漬け

1切れずつていねいに包まれている

お品書き

紅鮭1切れ	450円
たらこ約100g	700円
数の子約100g	900円

田中商店の
紅鮭の粕漬け

北海道の塩鮭を扱う築地場外市場の仲卸だが、先代が趣味で始めた粕漬けが評判になり、雑誌などで紹介されると、地方からも引き合いが来るようになったという。紅鮭、銀だら、本さわら、きんめだいなどの魚のほか、試しに漬けてみたら、これがめっぽうおいしかったというたらこや数の子の粕漬けもある。

　鮭を扱う店だけに、紅鮭は脂ののりもよく絶品。素材に負けないように、粕も1年間熟成させたひね粕を使う。粕の旨みが凝縮されて、素材の味がよりふくよかになるという。

田中商店

☎03(3541)7774

中央区築地4-8-1

地下鉄築地駅A1出口から徒歩2分

営業時間　7時～12時30分

定休日　水曜不定(市場休業日)、日曜、祝日

駐車場　なし

地方発送　可能

茂助《もすけ》だんごの
だんご

豊洲市場場内の甘味処。日本橋に魚河岸があった頃から続く店で、河岸の人たちが食べてひと息ついただんごが今も名物だ。30年ほど前まではきりたんぽ風に1串に細長いだんごがついていたが、今では食べやすいようにと、餡は1串に3個、高山のみたらしだんご風に焼いた醤油は、1串に4個の丸いだんごが刺さっている。醤油、つぶ餡、こし餡の3種類があるが、市場で働く人たちにはやはり甘い餡が人気という。持ち帰りがほとんどだが、店内でも食べられ、熱いお茶とだんごでくつろげる。

茂助だんご

☎03(6633)0873

江東区豊洲6-6-1　(豊洲市場内)

ゆりかもめ市場前駅から徒歩3分

営業時間　5時～15時

定休日　水曜不定(市場休業日)、日曜、祝日

駐車場　なし

地方発送　不可

市場の働き手が愛してきた ほどよい甘さのだんご

食べやすいサイズのだんご

豊洲市場７街区の管理施設棟の一角、赤い野点傘がシンボルだ

お品書き

醤油1串 ………………………………… 170円

つぶ餡、こし餡各1串…………………… 190円

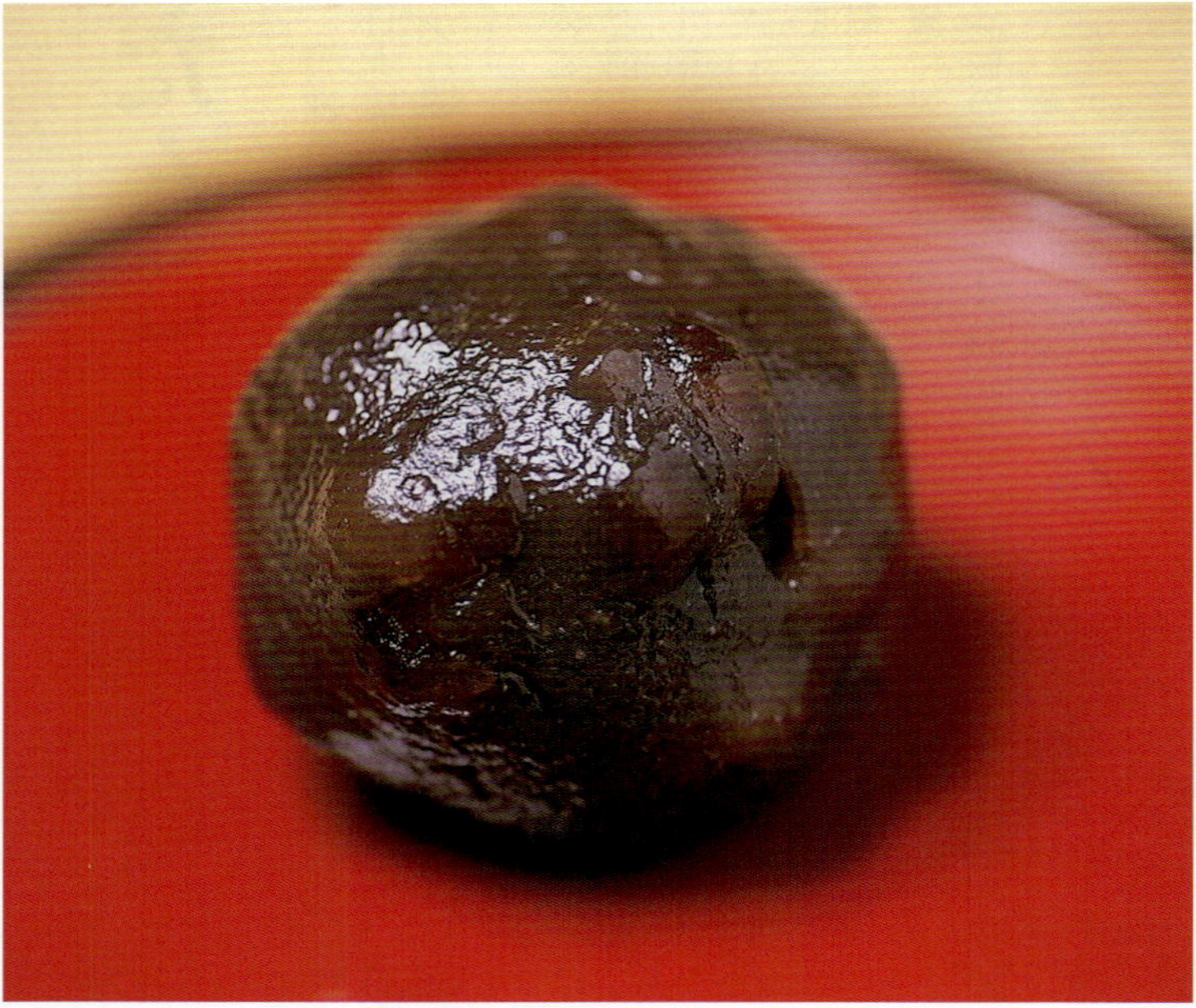

餡のおいしさをじっくり味わえる本饅頭

塩瀬《しおせ》の本饅頭《ほんまんじゅう》

初代は、南北朝時代に京都・建仁寺の僧、龍山徳見禅師に従って中国から渡ってきた林浄因。小豆餡入りの饅頭を日本で初めて作ったことから、和菓子の祖と敬われている。

室町時代、林浄因の作った饅頭は当時京で盛んに行われた茶会でもてはやされ、その名声はたちまち広がって後土御門天皇からは五七の桐の紋を拝領し、将軍足利義政からは日本第一番饅頭所の看板を贈られたという。その後も子孫は豊臣秀吉や徳川家康の庇護を受け、江戸開府とともに江戸に移り住んだ。林浄因から670年。現在の当主で35代目と

ふんわりとした食べ心地の志ほせ饅頭

和菓子の本家が作り上げた徳川家康ゆかりの上品な饅頭

いう、まさに店そのものが和菓子の歴史といっても過言ではない名店だ。

家伝の銘菓である本饅頭は、7代目林宗二の創案による一品。大納言の小豆餡を薄い餅状の皮でくるんで、蒸したもので、徳川家康が長篠の戦いに出陣したときに献上したという、古いいわれのある銘菓だ。最上の小豆と砂糖を使った餡は柔らかく、あっさりとした甘さが身上。薄い皮を巻く技術が難しく、熟練の職人が一つひとつ手仕事でていねいに仕上げている。

本饅頭と並ぶもう一つの名物が、ふんわり柔らかい志ほせ饅頭。すった山芋に上新粉と砂糖を加えて練り上げた皮が特徴で、包みを開けるとふわりと山芋の香りが漂う。食べやすいひと口サイズの大きさが受けて、帰省などの手みやげとして親しまれている。

現在の本店は、築地の聖路加タワーの脇にある。江戸時代には日本橋、明治以降は銀座で店を開いていたが、戦後、工場があった現在地に移ってきた。

都内各デパートに売店があるが、店はふえても「材料を落とすな、割(小豆に対する砂糖の割合)を守れ」との家訓を守り、和菓子の本家としての心を失わず、繊細な手仕事で商品を作り続けている。

お品書き

本饅頭1個 ････････････････････････400円
志ほせ饅頭9個入り ･････････････ 1,100円

塩瀬総本家本店

☎03(6264)2550

中央区明石町7-14
地下鉄築地駅から徒歩10分
営業時間　9時～19時
定休日　日曜、祝日
駐車場　なし
地方発送　本饅頭は不可

本店の売場の奥には茶室の浄心庵がある

芝えび、細こぶ、あさりの３種類（右の皿）をセットにした折詰（左）

佃宝《つくほう》の 佃煮

江戸前の味、佃煮の名店の一つが佃宝。新鮮な素材にこだわり、衛生管理の行き届いた近代的な設備とともに、古くからの技術を応用して調理し、酒や醤油、みりんなど、すべて無添加の調味料を使い風味豊かに仕上げる。だから、素材の持ち味が生きていて、香りも高い。その技を証明するのが、芝えび、細こぶ、上たらこなど17種類にも及ぶ同店商品に付けられた全国統一の〝ふるさと認証食品〟マーク。通称〝Eマーク〟と呼ぶ、都道府県が地元の優れた食品を選定した、いわばお墨付きだ。

　佃宝の佃煮はすべて前社長の、故・水谷豊夫さんが生み出した。佃煮メーカーで10年間修行した後、昭和32年（1957）に独立。佃煮づくりの技術功労が認められ、平成8年に農林水産大臣賞フィールドマスターを受賞した、まさに名人だ。平成19年9月に他界されたが、遺言の「味が落ちたら

Eマークに認定された佃煮は初代・水谷豊夫が生んだ傑作

佃煮は約50種類ある

上たらこ（左）ちりめん山椒（右）も人気

店を閉めろ」との言葉に、水谷さんの職人魂のすごさを感じる。もちろん今もそのレシピを守り、味が落ちることはない。

　リニューアルした本社売店は明るく、豊洲市場との付き合いから、野菜や果物も店頭に並ぶ。さらに弁当販売を開始するなど多角化が進んでいる。

社名を冠にした佃宝煮は、アサリやこんぶ、しいたけなど７種の素材で作る

お品書き

芝えび85g……………………626円
細こぶ100g ………………691円
上たらこ100g ……………921円
佃宝煮100g ………………751円
折詰2,000円から1,000円単位で1万円まで

佃宝

☎03（3529）2940
江東区東雲2-2-8
りんかい線東雲駅から徒歩5分
営業時間　10時～19時（日曜、祝日は18時）
定休日　なし
駐車場　なし
地方発送　可能

- 京橋千疋屋／
  ロイヤル・マスクメロンシャーベット
- 榮太樓總本鋪／玉だれ
- 長門／久寿もち
- 山本海苔店／梅の花
- 神茂／手取り半ぺん
- 日本橋鮒佐／江戸前佃煮
- 清寿軒／どらやき
- 魚久／粕漬け
- 三原堂本店／塩せんべい
- 重盛永信堂／人形焼
- 寿堂／黄金芋
- 板倉屋／人形焼
- 柳屋／たいやき
- 人形町 志乃多寿司 總本店／志乃多
- にんぎょう町草加屋／手焼き煎餅
- タンネ／ドイツパン
- 梅花亭／梅もなか

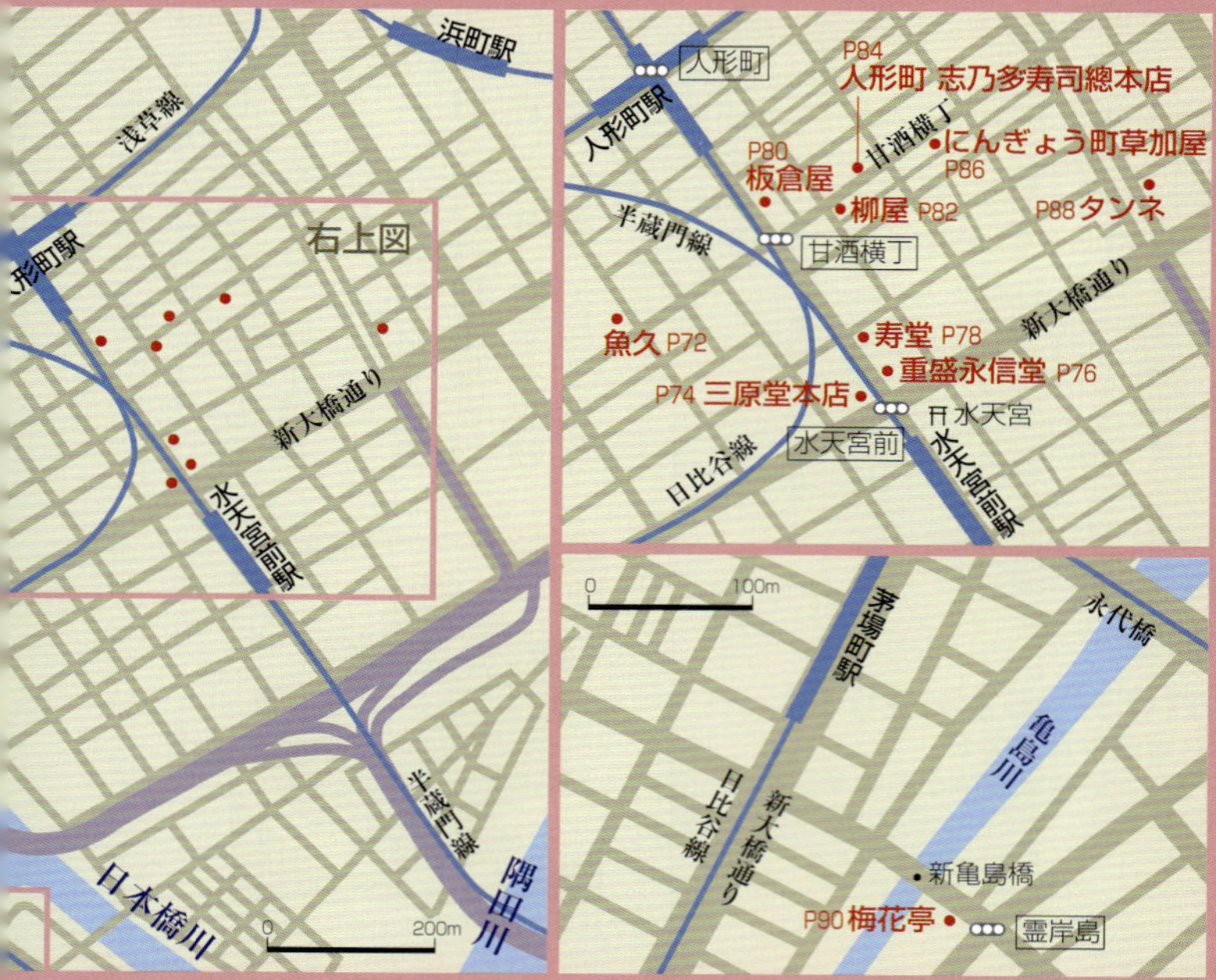

日本橋・人形町界隈

NIHONBASHI・NINGYO-CHO

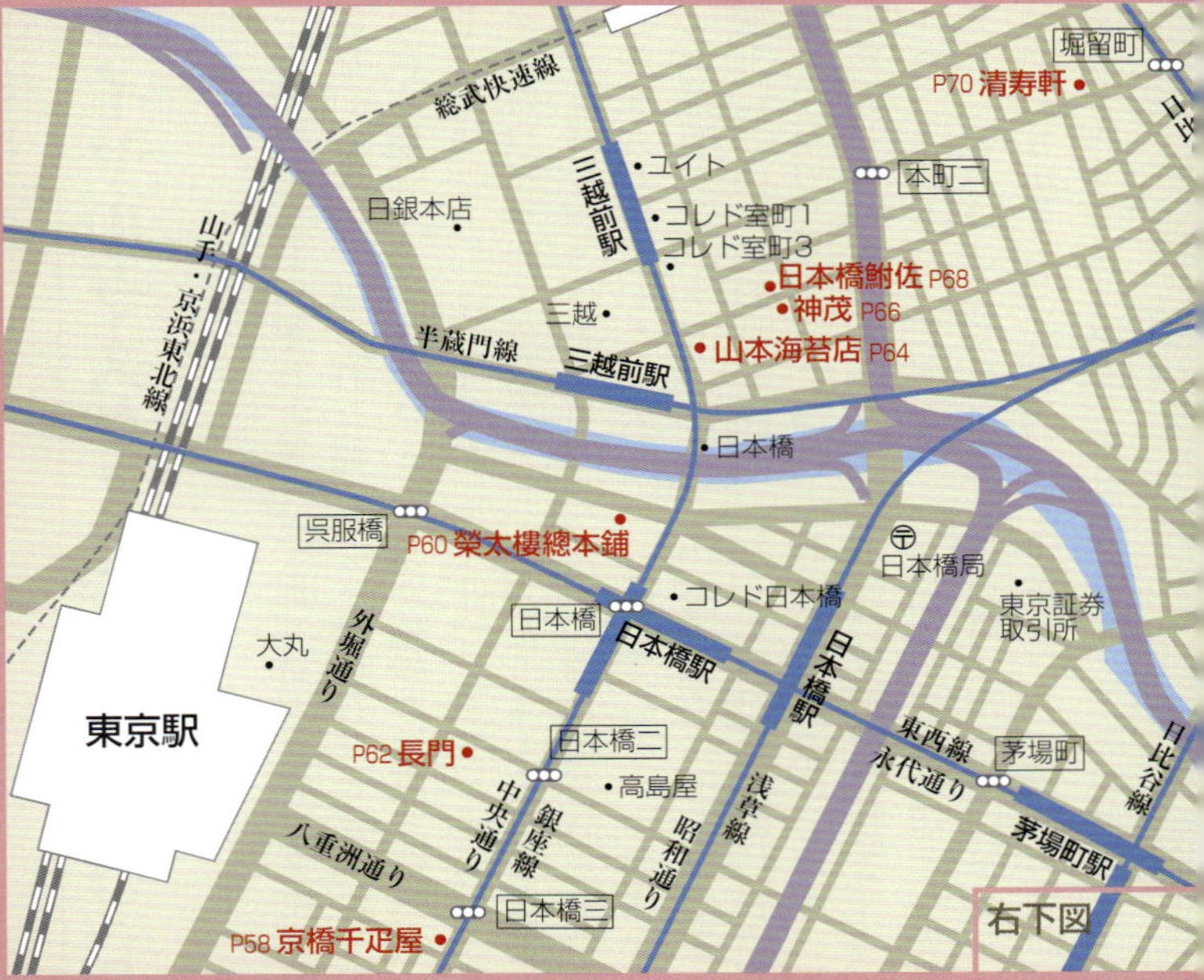

ロイヤル・マスクメロンシャーベット。見た目はまんまメロンです

京橋千疋《せんびき》屋《や》の ロイヤル・マスクメロンシャーベット

自宅用にはおいそれと買えないものの、贈られた側の喜ぶ顔は十分すぎるほど想像できるリッチな氷菓、それがロイヤル・マスクメロンシャーベットだ。目利きの職人が厳選した静岡産の高品質マスクメロンを1個丸ごと使っており、完熟果肉のおいしさが際立つ。

熟練した職人によるシャーベット作りは、まずマスクメロン一つひとつを手作業でくり抜くところから。その果肉をジュース状にして混ぜ合わせ、マスクメロン本来の甘味と風味を生かした絶妙な糖度と食感になるように調整。そうして完成したシャーベット液を、果実の器に流し込んで冷やし固めている。冷凍庫から出して室温に30分ほど置いたくらいが食べ頃。製造に時間がかかることから、基本的には予約が必要だ。

フルーツ専門店として名高い店ながら、贈答品には定番のフルーツ詰め合わせのほか、アイスクリームや

1個作るのにメロンを2個 贅を極めた贈答品の傑作

定番のフルーツは旬の高級品がずらり

くりぬきゼリー、ムース、ジャムなど、フルーツをふんだんに使った品が揃う。なかでもバニラやイチゴ、マンゴーなど各種自家製アイスクリームは、併設のフルーツパーラーで好評の味をそのまま家庭で楽しめるとあって人気がある。

お品書き

ロイヤル・マスクメロンシャーベット1個
……………………10,000円（要予約）
アイスクリーム＆シャーベット9個入り
…………………………………4,400円
自家製くりぬきゼリーセット6個入り
…………………………………5,400円

京橋千疋屋 京橋本店

☎03（3281）0300
中央区京橋1-1-9
ＪＲ東京駅八重洲口から徒歩5分
営業時間　9時〜18時（飲食は10時〜、土・日曜、祝日は販売・飲食とも11時〜）
定休日　第2・第4日曜・年末年始
駐車場　なし
地方発送　可能

フルーツ以外の贈答品も豊富に揃う。奥はフルーツパーラー

白と淡い緑の色合いが上品な玉だれ

榮《えい》太《た》樓《ろう》總《そう》本《ほん》舗《ぽ》の

玉《たま》だれ

日本橋を代表する老舗・榮太樓總本舗は、日本橋の魚河岸で働く人たちを相手に屋台で金鍔《きんつば》を売っていた初代細田栄太郎が、安政4年（1857）に店舗を構えたのが始まり。初代が創作した玉だれや甘名納糖《あまななっとう》、梅《うめ》ぼ志《し》飴《あめ》は、味はもちろん見た目の楽しさもあって発売当初から話題になり、以来現在も変わらぬ人気を保っている伝統の和菓子だ。

玉だれは、求肥《ぎゅうひ》でくるんだワサビ入りの餡がほんのり緑色に透けて見える、涼味いっぱいの菓子。ワサビの香りと穏やかな辛さが日本茶によく合い、茶席で利用されることも多いという。

甘名納糖は、赤飯に使われる金時《きんとき》ササゲをていねいに蜜煮したもの。甘納豆の元祖ともいわれ、甘名納糖を正月や慶事用に華やかに仕立てたお目出糖《めでとう》もある。

赤い、丸い缶入りのおなじみの梅ぼ志飴は、宣教師フランシスコ・ザビエルが伝えたとされる南蛮砂糖菓

日本橋の本店売店。すぐ脇には喫茶室がある

金鍔も初代から変わらぬ味と形

色・形とも愛らしい梅ぼ志飴は榮太樓總本鋪の看板商品

子を、日本風にアレンジした有平糖《あるへいとう》の飴。赤い飴の色も形も梅干しに似ていることから名づけられた。

昭和40年代には缶入りの水羊羹やみつ豆を開発、大いに人気を博した榮太楼總本舗だが、商いに対する初代の誠実一途な姿勢を忘れることなく、伝統の味に新しい技を取り込んだ和菓子を作りつづけている。

長い歴史を誇る江戸和菓子
伝統の味に光る斬新なアイデア

お品書き

玉だれ3本入り	3,630円
金鍔1個	200円
甘名納糖1袋	660円
梅ぼ志飴1缶	360円

榮太樓總本鋪本店

☎03(3271)7785

中央区日本橋1-2-5
地下鉄日本橋駅から徒歩1分

営業時間　9時30分～18時
定休日　日曜、祝日
駐車場　なし
地方発送　可能(金鍔は不可)
www.eitaro.com

柔らかくぷりぷりした食感を楽しみたい久寿もち

長門《ながと》の 久《く》寿《ず》もち

創業は徳川八代将軍吉宗の頃。代々徳川家の菓子司を営んできた老舗の中の老舗だ。もともとは神田須田《すだ》町《ちょう》にあったが、戦後に日本橋に移ってきた。

徳川家へ献上していた小麦粉のせんべいを復元したのが松風。味噌風味の瓦せんべいで、風味づけにけしの実がふられている。手間がかかるため、別の菓子の合間合間に作るので、残念ながら時々しかお目にかかれず、予約もできない場合も多い。

長門では生菓子や干菓子、羊羹などを作っているが、人気があるのが久寿もち。

進物用の詰め合わせがいろいろ揃う

ビルの谷間の小さな店は300年の歴史がある名店

切り羊かんは短冊状に切ってあって食べやすい

東京でくず餅というと、小麦粉のでんぷんを発酵させて作ったものがほとんどだが、長門では本わらび粉で作っている。関西でいうわらび餅だが、昔は東京ではわらび餅の名が一般的ではなかったため、久寿もちと名づけたようだ。四季いつでもおいしいが、特に夏など冷やしていただくと、ひんやり、ぷりぷりした食感が涼を呼ぶ。

作りのていねいさが伝わる切り羊かんも好評だ。厳選した小豆の風味が口中にひろがり、後味もさっぱり。このほか、色鮮やかな千代紙を貼った手作りの木箱の中に、花や鮎など季節の風物をかたどった和菓子がきれいに並ぶ半生菓子の詰め合わせは、茶会などで親しまれている。

お品書き

切り羊かん、久寿もち········　各890円
半生菓子詰め合わせ··········· 2,000円～

長門

☎03(3271)8662

中央区日本橋3-1-3
地下鉄日本橋駅B3出口からすぐ
営業時間　10時～18時
定休日　日曜、祝日
駐車場　なし
地方発送　半生菓子可、切り羊かん、久寿もち不可

1食分ずつパックする技術が開発されて以来、海苔は贈答品の定番になった

山本海苔《のり》店の 梅の花

「浅草海苔」の呼称があることからもわかるように、海苔は江戸そして東京の古くからの名産品。利根川、荒川、六郷《ろくごう》川（多摩川）が流れ込む栄養豊富な江戸湾（東京湾）はかつて絶好の海苔養殖地で、なかでも品川は一大産地だった。

嘉永2年（1849）日本橋に創業した山本海苔店は、それまで雑然と売られていた海苔に品質の等級を設定し、明治2年（1869）には明治天皇の還幸に際して味附海苔を考案。現在では海苔といえば山本と称されるほどのブランドとして知られている。

ちなみに山本海苔店のトレードマーク(梅)は、江戸前の極上の海苔は梅の花が咲く頃に採取したことからデザインされたという。

缶入りパッケージの山本海苔には特撰、特撰極上など各種あり、極上銘々焼海苔・味附海苔の「梅の花」はその代表格、長い歴史を誇る山本海苔店の自信作だ。

香り、舌ざわり、味とも無類 江戸前を継ぐ焼海苔、味附海苔

広い売場。入口に焼きたて海苔の実演コーナーがある

日本橋三越前、山本海苔店本店の売場には家庭用の海苔やパッケージ入りの贈答用高級品が並び、店頭では海苔を焼く実演に合わせて、香りのいい焼きたての海苔も売っている。

また、稀少品の手摘みの天然岩海苔の佃煮もある。

極上岩海苔佃煮は値段は張るものの、香りがすばらしく、ご飯が進むこと請け合い。2カ月に1回、少量を製造する。

お品書き

梅の花大缶	7,000円
梅の花中缶	5,000円
極上岩海苔佃煮80ｇ	4,300円
焼きたて海苔缶入り	1,200円
焼きたて海苔袋入り	600円
本店限定・味附海苔詰合せ	1,500円

山本海苔店

☎03(3241)0290

中央区日本橋室町1-6-3

地下鉄三越前駅からすぐ

営業時間　9時30分～18時

定休日　元日

駐車場　なし

地方発送　可能

右上）焼きたて海苔缶入り
左上）焼きたて海苔袋入り
右下）本店限定焼海苔・味附海苔詰合せ
左下）岩海苔佃煮

手取り半ぺんは無垢の純白。高級和菓子のよう

神茂《かんも》の 手取り半ぺん

時は元禄年間(１６８８～１７０４)、当時は日本橋にあった魚河岸の一角に創業し、以来ひと筋に白物(半ぺん、白ちくわ、かまぼこなどの総称)を作りつづけてきた神茂は、戦前までは皇室の御用も承っていた、東京を代表する練り物の名店。なかでも半ぺんで知られ、現在も本店地下の工場で、熟練した職人が一つひとつ手作りしている。

半ぺんというと一般に、ふわふわっと頼りなげな印象があるが、神茂の手取り半ぺんはひと味もふた味も違う。淡泊ながら、厳選された素材の風味がそれぞれしっかりと生きている。

石臼で挽いたサメの身と大和芋、卵白をふんわりするまで混ぜてから漉《こ》し、これを狭匙《せっかい》という板でたたきながら成形する。神茂の手取り半ぺんは平べったくなく、片面が山の形に盛り上がっているのが特徴だ。軽く炙ってワサビ醤油で食べるのがおすすめだが、塩を

弾力があってふっくらと厚く淡泊ながら味わいは深い

えび巻、うずらボールなどおでん種各種

加えてあるため、そのまま食べてもおいしい。

　種類豊富なおでん種は戦後の誕生。1尾ずつ背わたを取るなど手間のかかったえび巻やうずらボールほか、ごぼう巻、ちくわぶ、すじと関東のおでんに欠かせない種が揃っている。

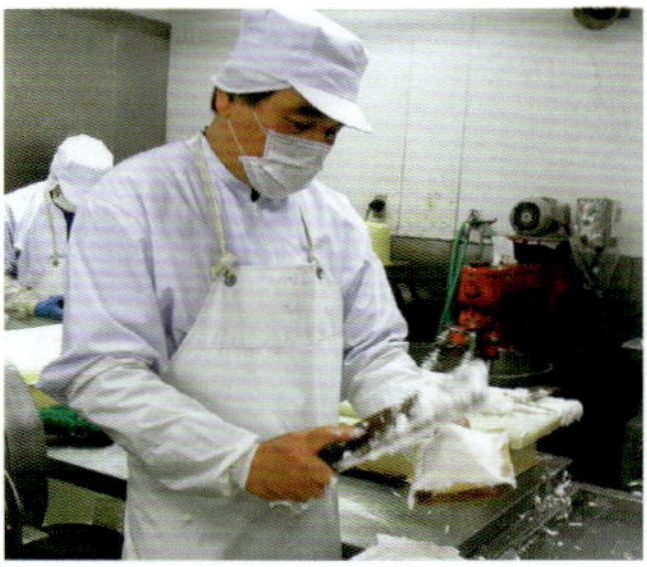

手取り半ぺんの成形は手作業で

お品書き

手取り半ぺん1枚	390円
極上蒲鉾1本	2,700円
調理済みおでん1袋	780円
おでん種詰め合わせ	3,280円～

神茂

☎03(3241)3988

中央区日本橋室町1-11-8

地下鉄三越前駅から徒歩2分

営業時間　10時～18時(土曜は～17時)

定休日　日曜、祝日

駐車場　なし

地方発送　可能

左からハゼ、しらす、アサリ、ゴボウの江戸前佃煮

日本橋鮒佐《ふなさ》の

江戸前佃煮

佃煮の元祖と伝えられる店。佃煮は幕末の頃、江戸の漁師町だった佃島《つくだじま》の漁師が余った雑魚を塩煮にして保存食にしているのをヒントに、鮒屋佐吉が考案したものといわれる。佐吉は海の魚の代わりに、とりやすかった小鮒を開いて串に刺し、当時普及し始めた醤油で煮込んで鮒すずめ焼きとして売り出したところ評判を呼び、庶民的な江戸の味として広まっていったという。

鮒屋佐吉の佃煮の伝統は、日本橋鮒佐本店で今も守り続けられている。昔ながらの製法で作られる江戸前佃煮は、長年使い続けているタレが味の決め手。材料を同じ鍋で煮ていくが、昆布～えび～あさり～あなご・うなぎ～ごぼうの順で煮ると、素材の味がタレに移って旨みが増すという。やや濃いめの醤油味はご飯やおにぎりにぴったりだ。

　ほかに、現代風に塩分や辛さを抑えたまろやかな佃煮と、砂糖やみりんで味を柔らかくした甘口佃煮も作っている。まろやか佃煮は、煮る時間を短めにし、江戸前佃煮が塩分10パーセントのところを7パーセントに抑え、味を調整するためにだしを加えている。さっぱりとした味は子どもからお年寄りまで幅広く親しまれている。生姜昆布、山椒《さんしょう》しらす、ごま昆布など、2種類以上の素材を組み合わせたものも多い。甘口佃煮の小女子《こうなご》くるみはお茶請けにもいい。

商品はそれぞれ単品の袋入りのほか、桐折、杉折に詰められた贈答用の折詰がある。

隠れたおすすめ品が、常連に親しまれているこぶとカツオの合せダシ。沸騰した湯に袋ごと入れるだけで濃厚なだしがとれるすぐれものだ。これに砂糖と醤油、酒を加えれば、香り豊かな麺ツユができあがる。ご飯に佃煮をのせ、だし汁をかけていただくのもおつでおすすめ。

たれの旨みがご飯によく合う
江戸前ならではの辛口の佃煮

店内は清潔で明るい

お品書き

江戸前佃煮小袋こぶ、ゴボウ……	各550円
アサリ……………………………	650円
まろやか佃煮山椒しらす…………	800円
こぶとカツオの合せダシ10袋 ……	500円

日本橋鮒佐 本店

☎03(3270)2731

中央区日本橋室町1-12-13
地下鉄三越前駅から徒歩1分

営業時間　10時～18時（日曜、祝日は11時～16時）
定休日　日曜（12月は無休、年始）
駐車場　なし
地方発送　可能

濃い焼き色につい手が伸びるどらやき

清寿軒《せいじゅけん》の
どらやき

江戸時代末期、文久元年（１８６１）の創業と、日本橋でも指折りの老舗。それでもあまり名前を知られていないのは、戦後しばらくまで小売はせず、接待の際の手みやげ用など、日本橋界隈の花柳界相手に商いをしていたため。しかし時代は移ろって、現在は一般向けの小売が中心だ。

数えて7代目の日向野政治さんは、毎日朝早くから看板のどらやきを焼いている。蜂蜜入りのふっくらした皮がたっぷりの餡を挟んでいる大判のどらやきは、皮も餡もすべて手作り。焼き加減が多少強く、皮の焼き色が濃いのが特徴だ。今の人の好みに合わせて餡の甘さは控えめ、そしてさっぱりと後味がいい。

これといって宣伝らしい宣伝はせず、口コミだけで評判を集めてきたが、最近ではインターネットの書き込みを見て、遠方からわざわざ買いにくる人も多いという。常温で4日間は持つ

隠れた名店の味を求めて
口コミでファンが訪れる

栗まんじゅう。栗の多いこと、つやのいいこと

から、地方への手みやげにも向いている。

　栗まんじゅうも、どらやきと並ぶ自慢の一品。栗がたっぷり、ほとんどはみ出さんばかりに入っていて、まるで栗そのものを食べているような、ほっくりした食感を楽しめる。

老舗ののれんを守る日向野政治さん

お品書き

どらやき1個	220円
栗まんじゅう1個	220円

清寿軒

☎03(3661)0940

中央区日本橋堀留町1-4-16
地下鉄三越前駅または人形町駅から徒歩5分

営業時間　9時～17時(売り切れ次第閉店)
定休日　日曜、祝日
駐車場　なし
地方発送　可能(ネット販売のみ)

酒粕によって素材の旨みがより引き出される

魚久《うおきゅう》の粕漬け

　昭和15年（1940）、人形町で魚店を営んでいた2代目が割烹料理店を開くと、そのみやげ用に出していた粕漬けが評判となり、昭和40年（1965）に粕漬け専門店として開店した。初代が京都で料理の修業を積み、その味を継承していることから当主である2代目が京粕漬と命名。家庭用としてはもちろん、中元や歳暮などの贈答用として広く知られている。

　創業当初は品数も少なかったが、商品は時代とともに増え、現在では銀だらや鮭、本さわらなどの定番のほか、ほたて、いか、えいひれなどの珍味、国内産の金目鯛、真鯛、ぶりに加え、季節限定でさんまの味噌漬や時不知《ときしらず》、まだらの粕漬など、魚から貝やえびまで種類は豊富。

　どれも粕に漬けることで、豊潤な味わいに変わるが、特にアラスカでとれる上質な銀だらは粕との相性がよく、旨みが引き出されてい

粕がよく染みこんだ
ふくよかな味の粕漬け

ふくよかな味わいのぎんだらの京粕漬

ておいしい。めかじきは脂の多い部位を厳選し、贅沢に漬け込んだもので、粕によって風味がさらに深みを増す。

一般に粕漬けは、粕を少し残したまま焼くのが普通だが、魚久の粕漬けは一定期間定温で漬ける独特の製法により、よく味がしみこんでいるため、粕を取り除いても味が変わらない。食べる際には流水で粕をよく洗い落とし、中火以下でじっくり焼くのがコツだ。

1枚単位で買えるほか、詰め合わせも値段に合わせて多数揃っている。

お品書き（各１枚の値段）

ぎんだら	1,000円
さけ	700円
めかじき	700円
本さわら	600円
いか	700円

魚久本店

☎03(5695)4121

中央区日本橋人形町1-1-20
地下鉄人形町駅から徒歩2分

営業時間　9時～19時（土曜は～18時）
定休日　日曜、祝日、年始
駐車場　なし
地方発送　可能

古代の地層から採取した岩塩が
ほんのり上品な塩味の決め手

後を引いてついつい手が伸びる塩せんべい

三《み》原《はら》堂《どう》本店の
塩せんべい

　安産と水難・火難の守り神として知られる水天宮の門前で、明治時代前期に開業。その頃、水天宮は旧久留米藩主・有馬家の私社で、参拝は5の日にしか許されていなかった。そこでこの店では水天宮の許可を得て、5の日以外に訪れた人のために水天宮のお守りを分けていたという。

広い店内に和菓子、洋菓子とも幅広い品ぞろえ

　この縁にちなんで作られた御守最中《おまもりもなか》は、真ん丸い皮が、十勝産小豆を練り上げた上品な甘さの粒餡を包んでいる。サイズは大小2種類が揃い、戌の日は行列ができるほど人気がある。

　ほかに本練り羊羹、しっ

御守最中の餡は、厳選された北海道十勝産を使っている

水天宮とのゆかりを伝える御守最中

とりとした皮のどらやき、季節感豊かな各種上生菓子などの和菓子に加え、戦前から引きつづいて洋菓子も扱っており、菓子のラインナップは豊富だ。

　人気があるのは塩《しお》せんべい。ぱりっとした歯ごたえの薄焼きせんべいは、ほのかな塩味がビールなどのつまみにもぴったりだ。塩は舌にピリッとこない、やさしい味のドイツ産クリスタル岩塩を使っている。店頭にはその岩塩の実物が展示されている。

お品書き

塩せんべい23枚箱入り ········	1,080円
御守最中(大)10個入り ········	2,850円
どら焼6個入り… ···············	1,586円

三原堂本店

☎03(3666)3333

中央区日本橋人形町1-14-10
地下鉄人形町駅または水天宮前駅から徒歩1～2分

営業時間　9時30分～19時30分(土・日曜、祝日は～18時)
定休日　元日
駐車場　なし
地方発送　可能

重盛永信堂の人形焼は福禄寿抜きの六福神

重盛永信堂《しげもりえいしんどう》の
人形焼

　人形町交差点から南東へ水天宮《すいてんぐう》前交差点まで、この間の約３５０メートルを人形町商店街といい、夏には浴衣姿の女性も行き交うなど、そこはかとない江戸情緒を感じさせる。普段から人出は多いが、安産の神さま水天宮の門前町でもあるだけに、戌の日と大安の日は一段と賑やかだ。広い通りの両側には、呉服や漬物、扇などの老舗、由緒ある料理店が軒を連ねる。

　その人形町の名物といえば、いうまでもなく人形焼だろう。なかでも大正６年（１９１７）創業の重盛永信堂は「人形焼なら変わらぬ味の重盛永信堂」といわれるほど、古くからファンが多い。強火で焼いた香ばしい皮、甘いこし餡と、今も世評どおりの味を守っている。職人が客から見える場所で一つひとつ焼くのも変わらぬ風景だ。七福神をかたどった人形焼は、実際には福禄寿を外した六福神。福禄寿がいないわけ、それは

香ばしい皮も甘めの餡も時流に媚びない昔のままの味

熟練した職人が焼くからうまい！

他にも鮎やつぼなどの型もある

買ってのお楽しみ。

創業当時からあるゼイタク煎餅は、食糧難の時代に小麦粉・卵・砂糖を贅沢に使って作ったことから名づけられた。日本で初めて飛行機で宣伝チラシをまいて、東京中の人々を驚かせたという。

お品書き

人形焼1個	130円
人形焼10個入り	1,300円
ゼイタク煎餅80g	300円

重盛永信堂

☎03(3666)5885

中央区日本橋人形町2-1-1
地下鉄水天宮前駅7出口からすぐ

営業時間　9時～20時(土曜、祝日は～18時)
定休日　日曜(戌の日と大安の場合は翌日休)
駐車場　なし
地方発送　可能

ほっこりとした黄金芋。真ん中には製法の秘密である穴が開いている

寿堂《ことぶきどう》の

黄金芋《こがねいも》

人形町通り沿いにあってひときわ人目を引く、レトロなたたずまいの店だ。もともとは京都先斗《ぽんと》町《ちょう》の河岸にあった店の名を譲り受けて日本橋蛎殻《かきがら》町《ちょう》で創業した店を、初代が買い受け、明治17年（1884）に現在地に開店。関東大震災後の昭和初年に建て直したという現在の建物は、奇跡的に戦災を免れた。

玄関を入るとすぐ目の前が帳場で、そこで客はほしい数を伝える。干菓子や生菓子もあるが、ほとんどの客が名物の黄金芋を注文する。注文した品を待つ間には、茶がふるまわれる。暑い季節には冷たい麦茶、寒い季節には温かいほうじ茶と、さりげない心遣いがうれしい。

看板商品の黄金芋は、黄味餡の焼き芋の形の和菓子。明治30年代にはすでに売り出され、東宮御用達など、各界の方々に喜ばれた。

白いんげん豆に卵黄を加えた黄身餡を身に、外側に

焼き芋そっくりの和菓子はニッキの香りがアクセント

店内に入るとニッキのいい香りが鼻をくすぐる

は芋の皮に見立てた皮をつけて成形し、細い針金を通して宙吊りにして天火で焼くという、凝った製法だ。材料は白ざらめ砂糖や菓子専用の粉など、時代とともに上質のものを使うようになったが、それ以外は製法から包装まで、すべて昔ながらの手作業だ。

黄色い包装紙に包まれた黄金芋は一見軽そうだが、意外に食べごたえがある。皮にまぶしたニッキが独特の香りを漂わせ、日本茶のほか、中国茶やコーヒーなどにも合う。

お品書き

黄金芋1個 ……………………186円
10個折詰入り ……………1,963円

寿堂

☎03(3666)4804

中央区日本橋人形町2-1-4
地下鉄人形町駅から徒歩2分

営業時間　9時〜18時30分（日曜、祝日は〜17時）
定休日　無休
駐車場　なし
地方発送　可能

人形焼とかすてら焼。七福神はみんなちょっと太め

板倉屋《いたくらや》の人形焼

人形町はもともと水天宮の門前町として開けてきただけに、みやげ用の菓子を商う店が多かった。さまざまな店にさまざまな菓子が揃うなかで、人形焼は饅頭や最中と並んでもっとも人気が高かった水天宮みやげの一つ。現在も2軒の人形焼の店があり、そのうちの一軒である板倉屋は明治40年(１９０７)創業の老舗。店内に作業場があり、店頭からも人形焼を手焼きする風景が見られる。

主人の藤井義己さんは３代目。先代の作業ぶりを目で見て仕事を覚え、さらに焼き方に自分なりの工夫を加えてきた。人形焼の型は昔ながらの七福神。こんがりとおいしそうな焼き色がつくよう、加減を計りながらていねいに焼く。

小豆が手に入りにくかった戦時中に考案されたかすてら焼は、いわば餡なしの人形焼だ。添加物いっさいなしのほんのりした甘さが、小さな子どもからお年寄り

太めの七福神の顔が楽しい
やさしい味の伝統銘菓

手焼きの作業は昔と変わらない

みそせんべい(右)、さとうしん巻(左奥)
と生姜つまみ

まで幅広く人気がある。そのまま食べてもいいが、オーブンで温めてバターやメープルシロップ、ジャムなどをつけると、いっそうおいしくいただける。

看板の人形焼・かすてら焼のほか、香ばしいせんべいも好評。かたい砂糖の芯をせんべいでくるっと巻いたさとうしん巻、ほんのり甘いみそせんべい、ショウガの辛さがさわやかな生姜つまみせんべいなど、いかにも東京の下町らしい、飾らない味の昔懐かしいせんべいが揃っている。

お品書き

人形焼5個	500円
かすてら焼1袋	400円
みそせんべい1袋	350円
さとうしん巻1袋	350円

板倉屋

☎03(3667)4818
中央区日本橋人形町2-4-2
地下鉄人形町駅からすぐ
営業時間　9時～売り切れまで
定休日　不定休
駐車場　なし
地方発送　可能

皮の香ばしさが食欲をそそるたいやき

柳《やなぎ》屋《や》の たいやき

人形町甘酒横丁の名物として、いつも行列ができている店。創業は大正5年（1916）。初代は製餡所に勤めて餡作りを習い、その技術を生かすためにたいやき店を開いた。その頃の人形町は表通りに呉服問屋などが並び、甘酒横丁には煮豆店やお茶屋など庶民的な店が軒を連ねていた。近くの馬《ば》喰《くろ》町《ちょう》には繊維問屋も多く、住み込みの人たちのおやつとしてたいやきが愛されたという。

太平洋戦争で戦災にあい、再開ができたのは昭和27年（1952）になってから。戦後すぐに代用品でまかなうこともできたが、あくまで本物の味を出したいと、食料品の統制が解かれるまで出店を見送ったという。再開したものの、代用の甘味料を使った他の店のたいやきが5円なのに対し、値段の高い砂糖を使ったため、倍の10円で売らなければならなかった。そこで、本物の味を強調するためにつけ

皮はパリッと、中はほくほく
食べごたえのあるたいやき

一枚一枚手で焼いていく。客が引きも切らず、焼けるそばから売れていく

たのが「高級たいやき」の名称。今ものれんに残る「高級」の文字のいわれである。

　現在の2代目にもその意思は貫かれており、すべて目が届く範囲でまかなうため餡は豆から作る自家製で、もちろんすべて手焼きだ。年季の入った金型にタネを流し入れ、たっぷりの餡を置く。長く焼くと水分が飛んで皮の味が生かされないため、焦げがつくほどの強火で手早く焼き上げるのが基本。皮はパリッとしていながら、中身はもちっとしている、柳屋のたいやきのできあがりだ。

お品書き

たいやき……………………………160円

柳屋

☎03(3666)9901

中央区日本橋人形町2-11-3

地下鉄人形町駅 A3出口から徒歩5分

営業時間　12時30分～18時

定休日　日曜、祝日

駐車場　なし

地方発送　不可

もとサムライが考案した この由緒正しい味・姿

130年の歴史が育んだ志乃多。甘・辛の加減が絶妙

人形町 志乃多《しのだ》寿司總本店の

志乃多

人形町の甘酒横丁にある、持ち帰り専門のすし店。看板のいなりずし・志乃多《しのだ》は、明治座観劇の際の弁当としても親しまれている。もと武士だった初代吉益啓蔵が、好物のいなりずしに工夫を加えて独自の味に仕上げ、明治10年（1877）にこの地に店を開いた。

志乃多の名前は、浄瑠璃『蘆屋道満大内鑑《あしやどうまんおおうちかがみ》』の女主人公（実は牝狐）である葛《くず》の葉《は》が、正体が知れて古巣に帰る際、一人残してゆくわが子を思って詠んだ「恋しくば尋ね来て見よ和泉なる／信太《しのだ》の森の恨み葛の葉」の歌から取られている。

特別注文で仕入れる油揚げは普通の油揚げよりも薄く、味がよくしみる。油抜きした油揚げに味つけして冷蔵庫でひと晩寝かせるが、加減が難しい油抜きは、この道30年のベテラン職人が担当。甘さを出すための白ザラメ、艶を出すための赤ザラメ、そして香りのための黒糖と3種類の砂糖を使

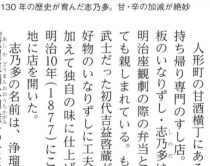

玉子焼きの黄色があざやかな黄菊

店頭で注文すると、奥の板場ですぐに作ってくれる

うのが伝来の味の秘訣だ。1個50グラムとふた口ほどで食べられる大きさも、創業以来変わっていない。すしがやや甘めな分、添えてあるショウガは砂糖を使わず、塩と酢だけで漬ける。

志乃多のほか、のり巻、押し寿司、巻き寿司、江戸前寿司と品ぞろえは多彩だが、志乃多4個とのり巻3個の詰め合わせが昔からの定番。カンピョウのしっかりした歯ごたえが味を引き締めるのり巻がおいしい。ほかにサバのバッテラや茶巾寿司の黄菊《きぎく》、彩り豊かなちらし八景も好評だ。

お品書き

のり巻志乃多7個入り	620円
志乃多6個入り	600円
五色巻詰合せ	710円
黄菊2個入り	720円
ちらし八景	1,050円

人形町 志乃多寿司總本店

☎03(5614)9300

中央区日本橋人形町2-10-10
地下鉄人形町駅から徒歩2分

営業時間　9時～19時
定休日　無休
駐車場　なし
地方発送　不可

これぞお江戸のせんべい、風格さえ感じさせる手焼き煎餅「三木助」

にんぎょう町草加屋《そうかや》の

手焼き煎餅

　人形町の甘酒横丁にある手焼きせんべいの店。真夏でも店の一角で、炭火でせんべいを手焼きしている。昭和3年（1928）の創業当時から、いい材料で手間をかけて焼くため値段が高かったが、香ばしい焼き上がりは多くの通人に愛された。特に名人といわれた落語家・3代目桂三木助は専用の名入りの缶を作ったほどで、弟子に食べられないように金庫に隠して、一人でこっそり食べていたという。また歌舞伎の名優・17代目中村勘三郎は焦げたところが大好きで、おこげだけを割って食べ、残りは弟子に上げていたという。

　昔ながらの店構えの店内に堅焼き煎餅からあられ、揚げせん、かりんとうまで揃うなかで、人気があるのはやはり手焼き煎餅。手焼き煎餅を「三木助」、そのうちおこげがあるものを「勘三郎」と称している。

　備長炭で1枚1枚手焼きするが、焼き色を見てはそ

通の江戸っ子に好まれた
飾りっ気なしの味と歯ごたえ

夏の暑いさなかでも、炭火と渡り合ってせんべいを焼く

のつどひっくり返す忙しい作業だ。ちょうど200度で焼くと、味も香りも一番いいものができるという。焼きたてを素早く醤油につけるのも味の決め手。パリッとした歯ごたえと醤油の香ばしさ、名人たちが好んだ味は今も健在だ。

狭い店内には、手焼きなどさまざまなせんべいがずらり

お品書き

手焼き煎餅「三木助」5枚入り ……550円
おこげ「勘三郎」5枚入り …………550円

にんぎょう町草加屋

☎03(3666)7378
中央区日本橋人形町2-20-5
地下鉄人形町駅から徒歩2分
営業時間　10時～18時(土曜、祝日は～17時)
定休日　日・月曜
駐車場　なし
地方発送　可能

形も味わいも豊富なパンが揃う

タンネの
ドイツパン

　ものまねではない本物のドイツの味を食べてもらおうと、平成5年にオープン。ドイツからパン作りのマイスターを招き、南ドイツ地方そのままのパンを出している。パンの味が日本風にならないよう、マイスターを2年で交代させるなど、その姿勢は徹底している。

　ドイツのパンというと、ライ麦を使った酸味のあるパンをイメージする人も多いが、ライ麦をたっぷりと使う北部ドイツのパンに比べ、南ドイツ地方のパンはライ麦の割合は多くても60パーセントなので酸味が少なく、ライ麦の香ばしさが楽しめる。

　ひまわりの種がたっぷり入ったライ麦60パーセントのひまわりブロート、シンプルなライ麦60パーセントのロッゲンプレーチェン、雑穀入りの生地をしっかりと焼いたロッゲンシュロートブロートをはじめ、主食向きのパンだけで40種類以上。小麦粉とイーストだけ

ライ麦の味わいと香り豊かな南ドイツ地方のパン

右からカイザー、セーレンかぼちゃ種つき、ロッゲンシュロートブロート

で焼いた白パンのカイザーは、もちもちした食感に人気がある。くるみやフルーツを加えたパンもあり、バリエーションは豊かだ。

　手作りのパンは当日はもちろん、翌日でもオーブンに入れて温めると焼きたての味わいに戻る。どれも日持ちするため、宅配も受け付けている。

　11月～12月のみに作られる、ドライフルーツやナッツがたっぷり入ったシュトレンは、クリスマスシーズンならではのパン菓子として人気があり、全国からの注文も多い。

お品書き

ロッゲンミッシュブロートひまわり種入り……………………………630円
セーレンかぼちゃ種つき…………180円
カイザー………………………… 90円
シュトレン（11～12月のみ）…… 1,350円～

タンネ

☎03(3667)0426

中央区日本橋浜町2-1-5
地下鉄水天宮前駅7番出口から徒歩5分
営業時間　8時～19時（土曜は8時45分～18時）
定休日　日曜、祝日
駐車場　なし
地方発送　可能

ふっくら満開、色も愛らしい梅もなか

梅花亭《ばいかてい》の梅もなか

　生来甘い物好きだった梅花亭の創業者は、長崎帰りの蘭学者・宇田川興斎から西洋人が好む焼菓子の話を聞き、みずから工夫してこしらえたパン焼き釜に似た釜で、饅頭を焼いて売り出した。ちょうどペリーが浦賀に来航していた嘉永3年（1850）頃のことでもあり、異国の風情を感じさせる菓子として大いに評判を取ったという。これが今も人気の亜墨利加《アメリカ》万頭《まんじゅう》。栗饅頭など現在の和風焼菓子の原形といわれている。

　時代は下って昭和の初め。当時の6代目当主が考案し、現在ではこの店の看板ともいえる梅もなかは、形はふっくらかわいい梅の花。中身の餡に合わせて白・桃色・

下町らしい気取りのない店

手前から逆時計回りに亜墨利加万頭、仏蘭西万頭、ワッフル、銅鑼焼き

時代の空気をキャッチした遊び心いっぱいの銘菓

茶色と皮の色を変えるなど、遊び心にもあふれている。6代目はほかにも、白餡の亜墨利加万頭の姉妹品・メレンゲを引いた皮で黒餡を包んだ仏蘭西《フランス》万頭など、斬新で創意工夫に富んだ和菓子をいくつも創案したという。

銅鑼《どら》焼きは、明治の初めに2代目が作ったオリジナル。のち長い間作られていなかったが、平成10年、古書でこの銅鑼焼きの存在を知ったある雑誌から注文を受け、店に残っていた資料などを調べて昔のままに復活させた珍品だ。

お品書き

梅もなか1個	162円
亜墨利加万頭1個	162円
仏蘭西万頭1個	162円
銅鑼焼き1個	216円
ワッフル1個	216円

梅花亭本店

☎03(3551)4660

中央区新川2-1-4

地下鉄茅場町駅から徒歩3分

営業時間　9時～17時

定休日　土・日曜、祝日

駐車場　なし

地方発送　可能

● 天野屋／明神甘酒
● 近江屋洋菓子店／アップルパイ
● 庄之助／二十二代庄之助最中
● 竹むら／揚げまんじゅう
● 笹巻けぬきすし／笹巻けぬきすし
● さゝま／和生菓子
● 大丸やき茶房／大丸やき
● ゴンドラ／パウンドケーキ
● 山本道子の店／焼菓子
● 一元屋／きんつば
● さかぐち／一口あられ

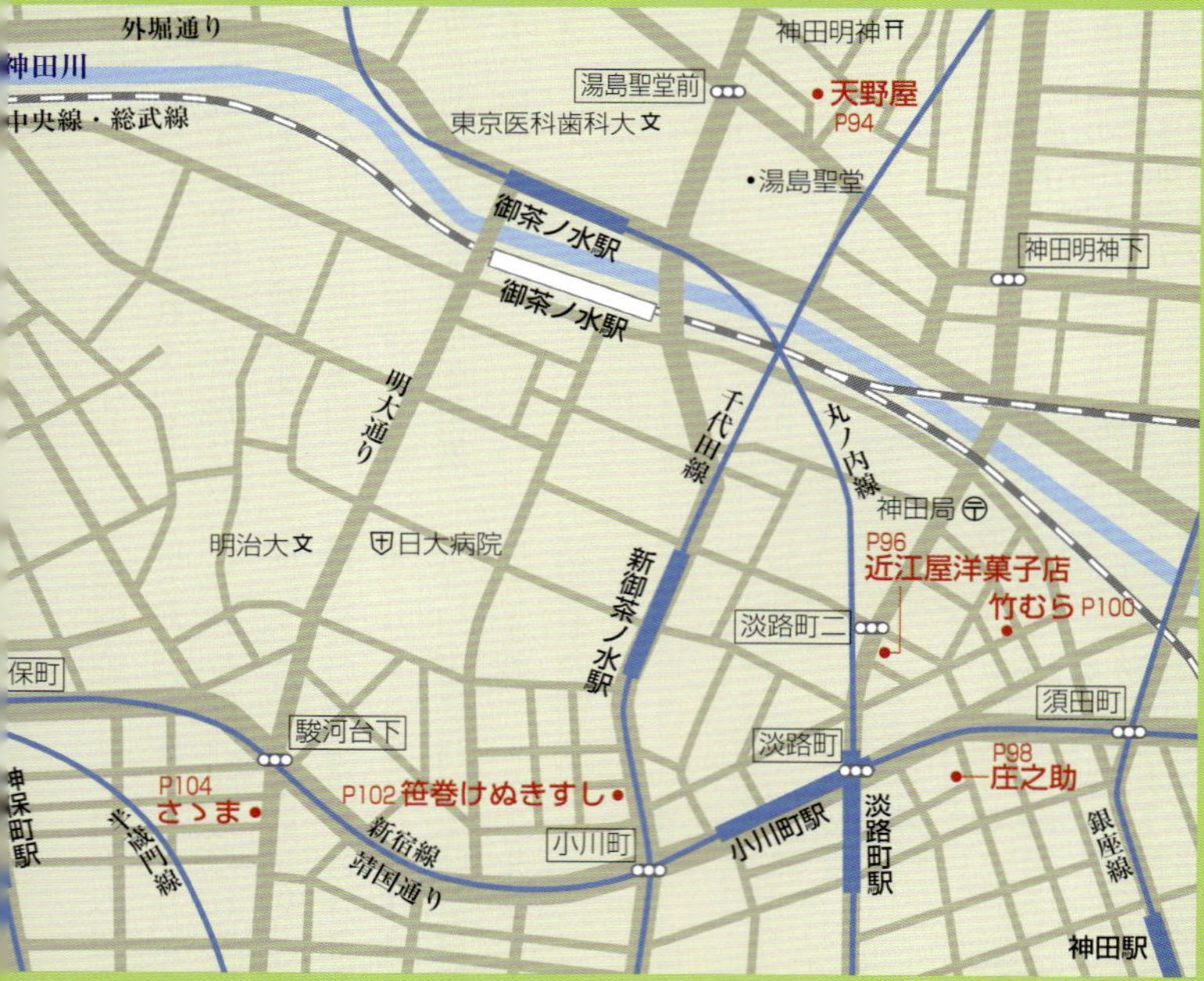

神田・神保町・九段界隈

KANDA・JINBO-CHO・KUDAN

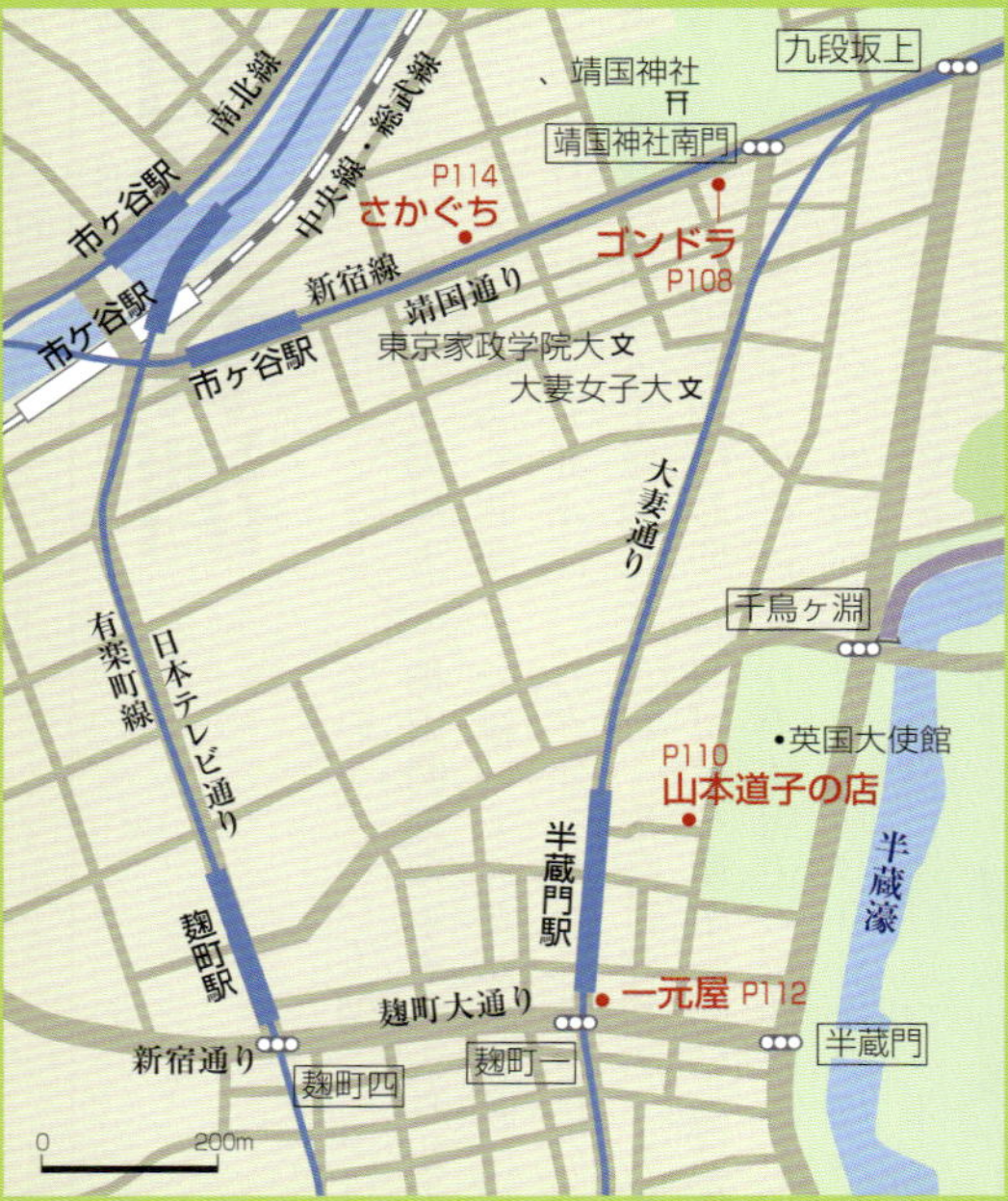

神田明神のお膝元、地下で作る
天然発酵、天然熟成の甘酒

ほんのりした甘さが身上の甘酒

天野屋《あまのや》の
明神《みょうじん》甘酒

文政年間（１８１８～３０）の頃、神田明神から湯島天神にかけては、糀《こうじ》店や味噌店が１００軒以上も並ぶ江戸の調味料の一大生産地だった。自然の崖を利用して室《むろ》を掘り、糀を作ったという。その後度重なる地震で室が崩れたり、地中の室を利用しない製造法が定着。現在では神田明神門前の天野屋だけが、昔ながらの糀作りを続けている。

天野屋では、甘酒に適した糀を年間を通して製造している。かつて地下の室は、神田明神の下まで入り組んで続いていたが、周囲にビルが建てられるたびに分断され、現在は建物の下の部分だけを使用している。作り手は店主の家族のみ。12月は一日３００キロの米を毎日室に運び込む。米を一日水につけて翌日蒸かし、糀菌をつけて室に入れる。30度の温度を保ち、24時間置くと、香りもふくよかな糀ができあがる。暗く狭い室の中で重い米や糀を扱う

北海道の「鶴の子」という粒の大きな大豆を使う芝崎納豆

重労働だ。

　できあがった糀は甘酒や味噌の醸造に使われる。糀をさらに熟成させた甘酒は自然な甘みがやさしい。甘酒には良質のアミノ酸やビタミンB群が豊富で、江戸時代には夏バテ防止ドリンクとして、甘酒売りが夏の市中を回ったという。甘酒のほか、味噌も糀の旨みが生きている。

　芝崎納豆《しばざきなっとう》も江戸時代から続いている名物。神田明神の隣にあった芝崎道場で念仏の修行の際に食べたといういわれがある。

お品書き

明神甘酒1パック（4～5人前）････780円
江戸味噌500g････････････････1,200円
芝崎納豆･････････････････････350円

天野屋

☎03（3251）7911
千代田区外神田2-18-15
ＪＲ御茶ノ水駅から徒歩5分
営業時間　10時～18時（祝日は～17時）
定休日　日曜、祝日（夏季休業あり。12月2週～4月1週は無休）
駐車場　なし
地方発送　可能

アップルパイは店自慢の味。店内で味見してから買ってもいい

近江屋《おうみや》洋菓子店の
アップルパイ

明治17年（1884）にパン店として創業。明治28年（1895）に洋菓子も手掛けるようになってから、2代目が明治末期に渡米し、洋菓子の作り方を学んできたという。その技法を受け継ぐ4代目のご主人が吉田太郎さん。吉田さんの1日は、大田市場へ果物や野菜を仕入れに行くことから始まる。「自分の目で確かめた季節の食材が的確に入手でき、自ら出向くことで仕入れの値段も安くすみますから」と吉田さん。そのためか店に並ぶ商品は、みなリーズナブルだ。

店内は天井が高く開放感いっぱい

季節ごとの旬のりんごを使い
毎日、夕方に焼き上がる

生クリームといちごの酸味が素晴らしいいちごショートケーキ

人気は宅配（北海道と九州以外は翌日配達）もできるアップルパイ。りんごは津軽、ジョナゴールド、ふじ、アメリカ産など季節ごとの旬を使い、温度管理した専用の部屋で作られる。仕込みは朝。焼き上がりは夕方で、このときを目がけて行くと、あたたかなアップルパイが買える。予約も可能だ。甘酸っぱいりんごがたっぷりと入り、皮とのバランスもよく、至福のひとときが堪能できる。

腰のあるスポンジケーキに生クリームと丸ごとのいちごをたっぷりと使った、2段重ねのショートケーキも絶品。

すべての商品がドリンクバーのある店内で、セルフサービスで食べられる。スープも用意されていて、ドリンクは飲み放題700円。

お品書き

アップルパイ1カット	450円
ホール	3,800円
いちごショートケーキ小	800円
いちごショートケーキ大	5,300円

近江屋洋菓子店

☎03(3251)1088

千代田区神田淡路町2-4
地下鉄淡路町駅から徒歩1分

営業時間　9時～19時（日曜、祝日は10時～17時30分、喫茶は～17時）
定休日　元日
駐車場　なし
地方発送　可能（一部不可）

4代目ご主人の吉田太郎さん

二十二代庄之助最中。ひと口かじれば国技館のにぎわいが聞こえてきそう

庄之助《しょうのすけ》の
二《に》十《じゅう》二《に》代《だい》庄《しょう》之《の》助《すけ》最中《もなか》

江戸時代や明治の頃に創業した何軒もの老舗が、昭和初期建築の由緒ある建物で今も営業を続ける神田須《す》田《だ》町《ちょう》の一角。庄之助は昭和24年（1949）開業と、界隈では比較的歴史は浅いが、開店当初の面影を残す店構えや、心を込めて丁寧に作る商品に、東京下町のよき伝統が感じられる。

現在は神田北口と深川白河にも店を構える。店主の泉基さんは忙しく行き来しながら、多くの人に慕われた先代を継いで手間ひまを厭わず、お客の満足を第一に暖簾を守っている。

看板の二十二代庄之助最中は、先代の父が大相撲立行司・第二十二代木村庄之助だったことにちなんで考案されたもの。相撲の軍配に見立てた形の手焼きの皮に、大納言小豆の手練りの餡が詰まっている。煮る際はアクをていねいに取り除く。それゆえにこそこの最中独特の上品な甘さが生まれるのだという。

名行司の名を冠した最中は味も形もよーい、はっけよーい

形もゆかしい萬祝。ハレの日にぴったり

誠実な仕事ぶりで愛された先代夫妻

　ほかにも皮にパイ生地を用いた神田まつりや、くりどら焼き、季節の和菓子と品数は豊富だが、どれも心の込もった名品ばかりだ。極上のもち米を蒸かした赤飯を円満に形どった萬《ま》祝《いわい》は、日本相撲協会の御用達である。

お品書き

二十二代庄之助最中１個	190円
二十二代庄之助最中６個入り	1,300円
萬祝１個	470円
神田まつり１個	210円

庄之助 神田須田町店

☎03(3251)5073

千代田区神田須田町1-8-5
地下鉄淡路町駅または小川町駅 A1 出口から徒歩1分

営業時間　9時～19時
定休日　日曜
駐車場　なし
地方発送　可能

揚げまんじゅうは6～25個入りまで希望の数をみやげにできる

竹むらの
揚げまんじゅう

平成18年に閉鎖した旧交通博物館の周辺は、かつては連雀町《れんじゃくちょう》と呼ばれる繁華街だった。ここには昭和11年（1936）まで万世橋という駅があり、今も中央線の線路に沿って古いプラットホームが残る。辺りのメインストリートだったのが、旧博物館の西側から外堀通りへ抜ける路地。今も一部だが、往時の情緒を伝える街並みが保たれ、万世橋駅が賑わった頃の面影をしのぶことができる。竹むらも、その一軒で、建物は東京都選定歴史的建造物の指定を受けている。

テーブル席のほか畳の席もある

注文を受けてから揚げてくれる まんじゅうの天ぷら

竹むらの創業は昭和5年（1930）。当時、神田に本格的なしるこ店がなかったことから、しるこ店らしいしるこ作りを目指して開業。今でもしるこを中心に営業する甘味処だが、まんじゅうに小麦粉の衣をつけて揚げた揚げまんじゅうで知られる。甘さを控えた餡は北海道産の小豆を原料とした自家製で、伝統の味を今に伝えている。注文を受けてから揚げてくれるので、熱々を買うことができるほか、店内で食べることもできる。香ばしさにも食欲をそそられる。保存料などは一切使用していないため賞味期限は2日間。自家製の餡、蜜、豆などを使ったあんみつもみやげにできる。

店内は日本情緒たっぷりの小粋な造りで、天井や壁、柱、障子などに古い歴史が見て取れる。春から夏は氷しるこ、秋から冬は粟ぜんざいなどが店内で甘味を楽しむ人に人気だ。

春から夏にはあんみつをみやげにする人も多い

揚げまんじゅうにはこし餡を使用

お品書き

揚げまんじゅう6個入り	1,570円
10個入り	2,550円
20個入り	5,000円
あんみつ1個	590円

※希望の数でみやげ可能

竹むら

☎03(3251)2328

千代田区神田須田町1-19

JR 秋葉原駅から徒歩5分

営業時間　11時～20時（L.O19時40分）

定休日　日・月曜、祝日

駐車場　なし

地方発送　不可

ふたを開けると笹とすし飯の香りがいい。電話注文もできる

笹巻《ささまき》けぬきすしの
笹巻けぬきすし

笹巻けぬきすしの起源は、遠く戦国時代にまで遡る。その当時は戦陣の兵士のもとへ、抗菌作用のある笹の葉に包んだ飯が兵糧としてよく運ばれていたという。この故事にちなんで、初代が元禄15年（１７０２）に笹巻すしを始めた。毛抜きで魚の小骨を抜くことから、やがて笹巻けぬきすしと呼ばれるようになった。江戸時代には安宅《あたか》の「松の鮨」、両国の「与兵衛」とともに江戸三鮨の一つに数えられ、江戸名物として多くの人々の舌を堪能させたという。

笹は一つひとつ手で巻く

笹巻けぬきすしは、握り

かつて江戸三鮨に数えられた
元禄時代からつづく江戸名物

小ぢんまりした店内は、すし店というより和菓子舗のよう

包装紙にも風情がある

ずしを笹の葉で巻いたもの。ネタは鯛、おぼろ、玉子、海苔、えび、光り物、白身魚の7種類。光り物は春は鰆《さわら》、夏は鯵《あじ》やさより、秋から冬はこはだが主。白身魚は青鯛、わらさ、かんぱちなどで、春にはあわびや貝柱を用いることもある。魚類は1日塩漬けにし、一番酢で1日しめ、骨抜きをして、さらに少し弱い二番酢に3～4日漬け込む。えびは生きた「まき」を使い、ゆでて開いてから、砂糖を少々加えた甘酢に漬けて用いる。昔は長く保存するために塩や酢をたっぷりと使ったが、今はどちらも控えめ。おはぎの餅のような粘りのあるすし飯も特徴で、作りたてより笹の香りが馴染む3時間ほど経ってからのほうが、よりおいしく食べられる。

お品書き

笹巻けぬきすし5個入り	1,134円
笹巻けぬきすし7個入り	1,695円
笹巻けぬきすし10個入り	2,214円
笹巻けぬきすし15個入り	3,326円
笹巻けぬきすし20個入り	4,428円

笹巻けぬきすし総本店

☎03(3291)2570

千代田区神田小川町2-12

地下鉄小川町駅から徒歩2分

営業時間　10時～18時30分

定休日　日曜(祝日不定休)

駐車場　なし

地方発送　不可

季節感あふれる風流な和生菓子

さゝまの

和生菓子

昭和4年（1929）にパン店として創業。2年後に和菓子を作り始め、同9年からは和菓子ひと筋で現在に至る。

月替わりで常時6～8品が顔を揃える和生菓子には、それぞれ風流な名前が付いている。たとえば4月なら木の芽田楽、都の春、花筏《はないかだ》、春霞。6月なら紫陽花《あじさい》、麦秋、早苗《さなえ》きんとん、撫子《なでしこ》…といった具合だ。名前ばかりでなく、上掲の写真（6月の和菓子。手前右から紫陽花、麦秋、玉川、右奥から撫子、青梅、早苗きんとん）でおわかりのように、季節感を彩り豊かにまとった姿も美しい。北海道産の上質な小豆を使った餡は、ていねいな仕上げの手作り。むろん

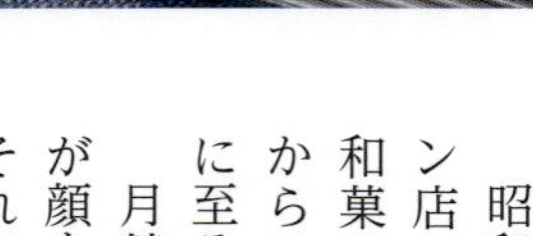
店内は凛とした和の情緒にあふれる

最上の原料と昔ながらの製法で一つひとつ心を込めて作る

皮にくっきりと松葉の模様をあしらい、格調を感じさせる松葉最中

秋の和生菓子。奥が落葉、右が織部、左が山路

添加物は一切使用していないから、買った翌日までが賞味期限だ。一年を通じて人気があるのが、松葉《まつば》最中《もなか》と本煉《ほんねり》羊羹。皮に松葉模様を刻んだ松葉最中は上品な味わいに固定ファンが多い。本煉羊羹には黒糖入りもある。

お品書き

和生菓子１個	各360円
20個入り	7,560円
松葉最中１個	140円
24個入り	3,645円

さゝま

☎03(3294)0978

千代田区神田神保町1-23

地下鉄神保町駅から徒歩5分

営業時間　9時30分～18時

定休日　日曜、祝日

駐車場　なし

地方発送　羊羹のみ可能

「大」の文字が大きく誇らしげな大丸やき

大丸《だいまる》やき茶房《さぼう》の
大丸やき

戦後まだ間もない昭和23年（1948）の創業。看板の大丸やきは形は大判焼や今川焼に似ているが、別名をカステラまんじゅうというように、しっとりした餡をふんわりやわらかいカステラ風の生地で包んでいるのが特徴だ。東京銘菓として、神保町《じんぼうちょう》界隈では知らない人はいないほど。

「お客さまを裏切らない、お客さまに喜んでもらえる味」をモットーに、創業以来手を広げることもなく、最高の材料を使って丹精込めて一つひとつ手作りしている。支店や出店はなく、買えるのはここだけ。

ふんわりと軽く香ばしい皮は、小麦粉・卵・砂糖などのほか、隠し味に酒とみりんを使う。やわらかさが長持ちするよう、焼きたてをすぐにフィルムパックする。防腐剤などはいっさい使わず、砂糖と小豆だけを同じ割合で練る餡は、常温で1週間は食べ頃。海外へのみやげにする人が多いの

カステラ風生地と無添加の餡
名代の銘菓は真面目一本槍

一つひとつ手焼きするのは昔のまま

もうなずける。

店内には、日本茶と大丸やきのセットでくつろげる喫茶室がある。しっかりした味の大丸やきは男性にも人気が高く、平日の午後など、仕事途中にひと休みする男性客も多い。先代はもともと百貨店でお茶の外商をしていたといい、そのこだわりからかお茶もおいしい。大丸やきは当日焼いたものしか出さないため、週末や祝前日の夕方には売り切れのことも多いが、予約すれば取り置きしてくれる。じっくり味わってほしいからと、販売は1個から。

お品書き

大丸やき5個	900円
喫茶・お茶と大丸やき	550円
喫茶・玉露と大丸やき	600円

大丸やき茶房

☎03(3265)0740

千代田区神田神保町2-9-5
地下鉄神保町駅から徒歩3分

営業時間　10時～17時30分
定休日　土・日曜、祝日
駐車場　なし
地方発送　不可

パウンドケーキは一度食べたらきっとファンになってしまうほど

ゴンドラの パウンドケーキ

しっとりとしていて粉っぽくなく、飲み物がなくてもおいしく食べられるのが、ゴンドラのパウンドケーキ。「パウンドケーキならゴンドラ」といわれるほど、熱烈なファンが多い。

　昭和8年（1933）創業。2代目オーナーシェフ細内進さんは昭和36年（1961）に、スイス国立リッチモンド製菓専門学校をアジア人で初めて卒業した人。モットーは「知られているケーキを、よりおいしく作る」だ。

パウンドケーキは小麦粉に砂糖、卵、バターを加えて焼く基本的なバターケーキ。細内さんは幼い頃から父親の仕事を見て育ち、微妙な味加減の奥伝を身体で受けとめて覚えこんだという。先代の頑固さを受け継ぎ、品質のよい素材を使った手作りにこだわっている。

　父子二代の職人気質は3代目の細内さんの息子へも伝わり、フランスやドイツ、ベルギーで修業した後、ゴンドラの伝統の味を父とともに守り続けている。

フランスのベイスという最高級のチョコレートを使ったほどよい甘さのショコラゴンドールや、刻んだ砂糖漬けのオレンジを生地に混ぜて焼いたオレンジケーキも絶品だ。

2代目の細内進さん

多くの熱烈なファンを集める しっとりした味わいのパウンドケーキ

ショコラゴンドール

明るい店内

ゴンドラ

☎03(3265)2761

千代田区九段南3-7-8

JR 市ケ谷駅から徒歩10分

営業時間　9時30分～19時30分（土曜は～18時）

定休日　日曜、祝日

駐車場　なし

地方発送　可能

お品書き

パウンドケーキ1切れ	290円
パウンドケーキ缶入り小	2,500円
パウンドケーキ缶入り中	3,800円
パウンドケーキ缶入り大	6,000円
ショコラゴンドール箱入り	1,500円
ショコラゴンドール缶入り	2,500円
オレンジケーキ箱入り	1,500円
オレンジケーキ缶入り	2,500円

シンプルだが味わい豊かな焼菓子各種

山本道子《やまもとみちこ》の店の

焼菓子

　オリジナルの洋風家庭料理で知られる料理研究家・山本道子さんは、同時に明治７年（１８７４）創業の洋菓子とフランス料理の名店・村上開新堂《むらかみかいしんどう》の５代目にしてレストランＤｏｈｋａｎの主人、また自身の名を冠した山本道子の店のオーナーでもある。

　村上開新堂の洋菓子は紹介者がいないと購入できないが、この店なら、山本さん独自のアイデアとオリジナリティにあふれた洋菓子やジャムなどを気軽に入手できる。

　焼菓子はマーブルクッキーやマドレーヌなどオーソドックスなものが中心。バターがきいたマドレーヌは食べごたえのある深い味わい。抹茶とチョコレート味のクッキーはさっくりした歯ごたえがさわやかだ。

　岩手名物の南部煎餅を歯ざわり軽くアレンジしたクリスプブレッド、アイスクリームやヨーグルトによく合うプラムの赤ワイン煮は

伝統に斬新なアイデアをプラス
味も姿も洗練を極めた洋菓子

山本さんのアイデアが生きているジャム、クリスプブレッドなど

村上開新堂の一角にある斬新な造りの店

変わらぬ人気商品。

　山本さんがアメリカ生活の経験も生かして作る、和洋双方のよさを積極的に取り入れた商品は、味はもちろん色・形やパッケージにいたるまで、隅々まで洗練されている。

　朝早くから村上開新堂の菓子を作り、Dohkanに出て、午後には山本道子の店に顔を出すなど、毎日多忙を極めている山本さんだが、お客さまとの出会いが自分の元気の源になるからと、応対は気さくそのものだ。

お品書き

マーブルクッキー	1,870円
焼菓子詰合せ6個入り	1,480円～
クリスプブレッド松の実入り12枚	1,530円
プラムの赤ワイン煮化粧袋入り	2,490円
苺ジャム	1,080円

山本道子の店

☎03(3261)4883

千代田区一番町27

地下鉄半蔵門駅から徒歩2分

営業時間　10時～18時

定休日　日曜、第1・3土曜、祝日

駐車場　なし

地方発送　可能

上品な甘さの餡がたっぷりのきんつば

一元屋《いちげんや》のきんつば

新宿通りから大妻通りに入ってすぐの町角にある、甘党垂涎のきんつばの名店。

先代が店を開いた昭和30年（1955）当時は、きんつばのほかにも煎餅など、日持ちする菓子をいろいろ作っていたという。その後周辺にオフィスビルが増えるにつれ、市販の菓子を商う店に転身したが、平成16年9月に改装し、和菓子専門店として再出発した。

重なる試行錯誤の末に完成した自慢のきんつばは、割ってみるとよく分かるが、餡の小豆のひと粒ひと粒がくっきりと際立ち、ほどよい堅さも申し分ない。上質の砂糖を使用しているため、餡の甘さ、後味のよさともにすばらしい。年によって出来不出来がある大納言小豆の煮詰め加減を調整して、いつも決まった味わいの餡を作ることは、機械ではできない。その微妙なところを塩梅するのが2代目の三国憲二さんの仕事だ。煮詰めが終わっても「焼け」と

オフィス街の真ん中に立つ
都内指折りのきんつばの名店

贈答用の箱入りもある

先代からの味を守る三国憲二さん

正面にカウンターがあるだけの清楚な店内

称する小豆自体の熱でさらに熟成が進み、餡の色と艶がいっそうよくなるのだという。

一元屋のきんつばは上質の砂糖と小豆だけを原料にし、添加物はいっさい使っていない。混じりっ気がないだけに日持ちがよく、普通で3日間、脱酸素剤入りの箱詰めなら6日くらいは持つ。

改装と同時に売り出した一元最中も評判。食感を大切にするため、きんつばとは餡の作り方を変えている。大納言と求《ぎゅう》肥《ひ》入りの2種類がある。

お品書き

きんつば1個	151円
きんつば6個箱入り	906円
一元最中1個	119円

一元屋

☎03(3261)9127

千代田区麹町1-6-6

地下鉄半蔵門駅から徒歩1分

営業時間　8時30分～18時(土曜は～15時)

定休日　日曜、祝日

駐車場　なし

地方発送　可能

彩りも楽しい一口あられ。甘いあられを抜いた辛口のみのセットもある

さかぐちの

一口あられ

九段の靖国通り沿いに昭和27年（1952）から続く、あられとおかき、せんべいの専門店。ていねいな手仕事を信条に、店舗は新しくなっても、創業以来の「商品の質・パッケージのよさ・販売の心」を心がけている。

あられだけでも30種ほどはあり、どれもほしい量だけ量り売りしてくれる。

さくさくのあげ桜やパリパリのさざ波など、さまざまな風味と食感が楽しい。かたくて食べごたえのあるかきもちは、伝統的な江戸前の味だ。せんべいも昔ながらの米せんべい。堅焼きをはじめ、とうがらしやごませんなども、シンプルながらかみしめるほどに味わい深い。

平成10年に全国菓子大博覧会で名誉総裁賞を受賞した一口あられは「いろいろなあられを一緒に味わいたい」との客の気持ちに応えたもの。海苔巻きの江戸小町や抹茶味の宇治の友、砂糖がけの吹雪、それに小梅

食べ始めたら止まらない
味も色も多彩なあられ

広い店内のショーケースに
あられがずらり

かきもち中心の贈答用パッケージ。
中身の組み合わせはお好みで

など、小さくて食べやすい12種類ほどのあられの詰め合わせだ。軽い食べ心地と、色々な味を一度に楽しめることから、手みやげにぴったりと人気を集めている。

いずれも進物用の缶に詰め合わせることができ、贈答品に好適だ。

お品書き

一口あられ 100g	550円
海老しぐれ100g	450円
江戸巻100g	750円
各種詰め合わせ缶	2,000円～

さかぐち

☎03(3265)8601

千代田区九段北4-1-6
ＪＲ市ケ谷駅から徒歩5分

営業時間　9時30分～19時(土曜は～17時)
定休日　日曜、祝日
駐車場　なし
地方発送　可能

● 羽二重団子／羽二重団子
● 後藤の飴／飴
● 竹隆庵岡埜／こゞめ大福
● 乃池／穴子寿司
● 群林堂／豆大福
● 菊見せんべい総本店／せんべい
● 根津のたいやき／たいやき
● 八重垣煎餅／手焼き煎餅
● うさぎや／どらやき
● つる瀬／豆餅、豆大福
● ゆしま花月／かりんとう

● 本郷三原堂／大学最中
● 壺屋総本店／壺型最中
● 扇屋／文学散策
● 石井いり豆店／落花生
● 小倉屋／せんべい
● 丸角せんべい／あられ、おかき、せんべい
● 扇屋／釜焼き玉子
● 石鍋商店／久寿餅
● 草月／黒松
● 喜屋／唐焼き虞美人
● 中里／揚最中

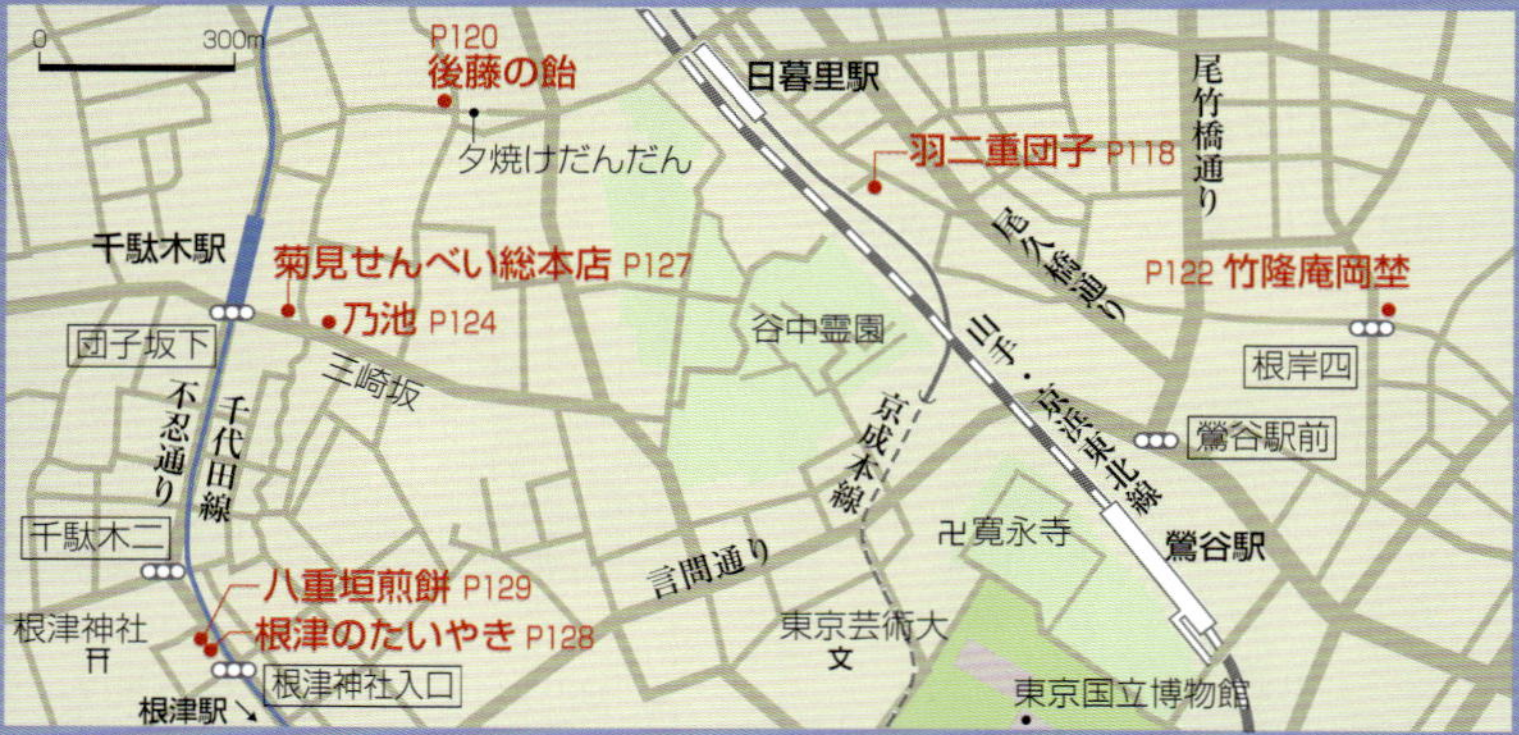

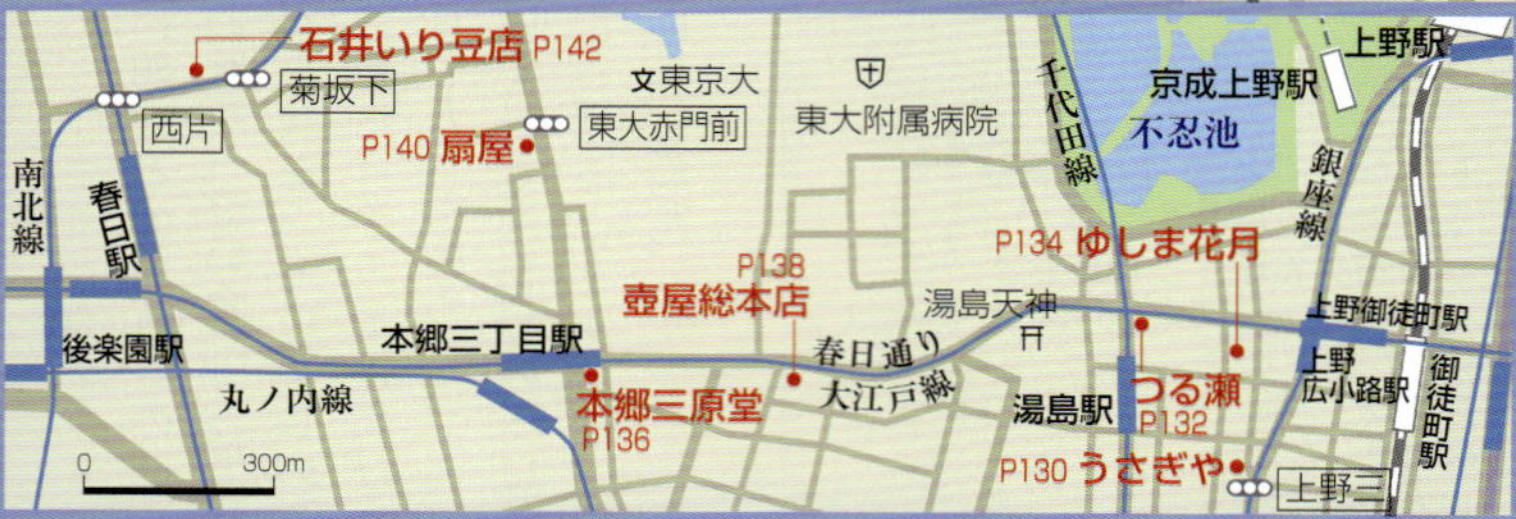

谷中・千駄木・湯島・本郷・王子界隈

YANAKA・SENDAGI・YUSHIMA・HONGO・OJI

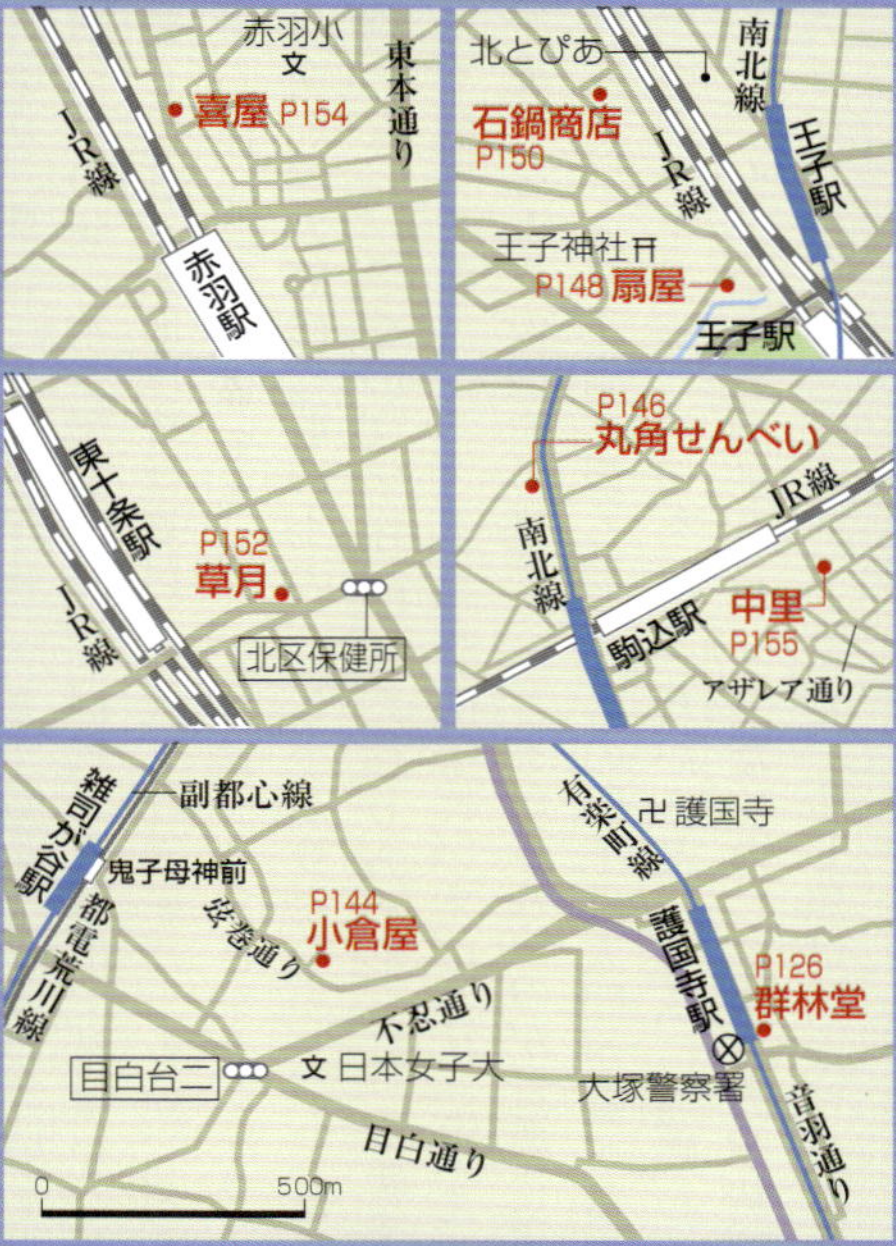

羽二重のような団子生地のきめ細かい食感を楽しみたい

羽二重《はぶたえ》団子《だんご》本店の

羽二重団子

羽二重団子は文政2年（1819）創業以来の江戸の味を、当時のままに伝える名店。店は、もと王子街道沿いの藤の木茶屋として親しまれ、明治以降は夏目漱石作『吾輩は猫である』や司馬遼太郎作『坂の上の雲』など、多くの文学作品にも登場する。

晩年を近くの根岸の里に住んだ俳人・正岡子規も羽二重団子を愛し、一句を残している。「芋坂も団子も月のゆかりかな」

一枚看板の羽二重団子は、まるで羽二重のようにきめ細かいことから名づけられた。「芋坂下の大団子」と呼ばれたように、昔はかなり大きな団子だったが、現在は食べやすさを考えて、少し小ぶりになった。とはいえ作り方や形は昔のまま。団子といえば神仏に供えることから丸いのが普通だが、この団子は人間が食べるのだからと、神仏に遠慮して平たくのしてあるのが特徴だ。少し焦げ目がついた生

左）みやげは、2種をそれぞれ希望の数で詰め合わせてくれる
右）抹茶セット団子付き。このセットは焼き、餡とも串に団子は2個

素朴にして洗練の極致
文人に愛された江戸の味

左）老舗にふさわしいシックな雰囲気のショーケース
右）羽二重団子を詠んだ子規の句碑は芋坂側に立つ

みやげは、2種をそれぞれ希望の数で詰め合わせてくれる

醤油の焼き団子と、さらさらのこし餡の2種類がある。

本店は2019年に完全リニューアル。新装なった建物はすっきりと現代的だが、一角には王子街道の石碑や子規の句碑も残され、老舗の貫録を感じさせる。歴史ある店らしく、店内には江戸・明治時代の道具類が飾られていて楽しい。坪庭に面した喫茶席もあり、煎茶や抹茶付きのセットが味わえる。

近くには、斬新なインテリアが目を引く日暮里駅前店もある。

お品書き

羽二重団子5本入り折	1,460円
羽二重団子 10本入り折	2,880円
煎茶急須セット（喫茶）	560円

羽二重団子本店

☎03（3891）2924

東京都荒川区東日暮里5-54-3
JR 日暮里駅から徒歩3分

営業時間　9時～17時
定休日　無休
駐車場　なし
地方発送　不可

カゴに入れると洒落たおみやげ

後藤《ごとう》の飴《あめ》の飴

谷中《やなか》ぎんざ商店街は、JR日暮里駅北口から西へ数分、いつも猫たちがたむろする石段（夕焼けだんだんと呼ばれる）を下った先に延びる。長さ１７０メートルほどの狭い通りに鮮魚店・豆腐店・乾物店など60以上の店が並ぶ商店街はどこか昭和30年代を思わせ、ガス灯を模した街灯に灯が点る夕暮れどきには、切ないほどの人懐かしさにあふれる。

大正11年（１９２２）創業の後藤の飴は、夕焼けだんだんを下ったすぐ右手にある。屋号の「後藤」は、初代がこの店を開く前の露店商時代、仲間だった先輩の苗字を貰ったものという。

現当主は、トレードマークのテンガロンハットがよく似合う3代目。初代からの味を受け継ぎつつユズ・カリン・ブルーベリーなど季節限定の飴のほか、トマトや西洋アンズを使った創作飴も作っている。なかでも自慢の創作飴であるほうじ茶の粉入りのほうじ茶飴

懐かしの飴、季節限定の飴
よそにはない自慢の創作飴

商店街入口の案内板

まん丸な目が印象的な３代目の伊藤郁男さん

店内の中央にずらりと飴が並ぶ

飴はすべて小袋入り

は、味も香りもほうじ茶そのもの。抹茶ではなく番茶のほうじ茶を使うところが、いかにも下町らしい。懐かしのコーラ飴、甘酸っぱいうめぼし飴、定番のニッキ飴など種類は豊富。辛口の味が人気。飴はすべて店内で手作りする。

お品書き

飴各種1袋 ･････････････････････ 350円～

後藤の飴

☎03(3821)0880

荒川区西日暮里3-15-1
ＪＲ日暮里駅北口から徒歩5分

営業時間　10時30分～19時
定休日　水曜休（夏期は連休あり）
駐車場　なし
地方発送　不可

みやげに喜ばれている竹皮入りのこゞめ大福

竹隆庵岡埜《ちくりゅうあんおかの》の

こゞめ大福

音無川の清流に恵まれた根岸あたりは、かつては米作地帯だった。土地には年貢として納める上質米をふるいにかけて、こぼれ落ちた米（粉米《こごめ》）で餅を作る風習があり、これを粉米餅といった。

江戸時代中期、音無川のほとりにあった茶屋がこの餅で餡を包み、第5代上野輪王寺宮《りんのうじのみや》公弁《こうべん》法親王《ほっしんのう》（寛永寺御門主）に献上したところ、大いに喜ばれて「こゞめ大福」の名を賜ったという。以後庶民に広く愛されたこの菓子を、文献などを調べたうえで現代風に復元・アレンジしたのが、竹隆庵岡埜のこゞめ大福だ。

皮は、その年で一番出来のよい新米で作る。表面を香ばしく焼きあげることで、お米の風味が増すのだという。白餅とよもぎ餅の2種類があり、どちらもほんのり塩味の皮と、厳選した北海道産の小豆で作る餡とが絶妙に引き立て合っておいしい。

現代風にアレンジされて甦った寛永寺御門主が名づけ親の銘菓

小倉餡と季節餡（季節で桜餡や栗餡など４～５種類）がある

独特の縞模様が虎を連想させるとらが焼、特大の栗が丸ごと1個入ったほいろ栗饅頭、北海道産小豆の餡に刻み栗を混ぜた栗きんつば、金箔を添えた長寿梅（紅梅入りの桜餡、青梅入りの白餡の2種類がある）など、店内にはほかにも自慢の銘菓がずらりと並んでいる。

店を飾るお菓子のアート

お品書き

こゞめ大福1個	240円
こゞめ大福竹皮入り8個	2,920円
とらが焼1個	220円
ほいろ栗饅頭1個	300円

竹隆庵岡埜

☎03(3873)4617

台東区根岸4-7-2
ＪＲ鶯谷駅北口から徒歩7分
営業時間　8時～18時（日曜、祝日は～17時30分）
定休日　水曜
駐車場　3台
地方発送　可能（こゞめ大福のみ不可）

穴子寿司は１折８個入り

乃池《のいけ》の 穴子寿司《あなご》

乃池は谷中《やなか》の三崎坂《さんさきざか》に面して建つ江戸前ずしの店。主人の野池幸三さんは、日本橋の吉野鮨本店で15年修業し、昭和40年（１９６５）に独立した。すしを握ってすでに50年を超える大ベテランだ。

カウンターのほか２階には座敷がある

　寺町という性格から谷中では仕出しが多く、持ち帰り客も少なくなかった。そのため時間が経っても固くならず、味も変わらないようにと工夫して生まれたのが、乃池名物の穴子寿司だ。江戸前の看板どおりアナゴはやわらかく、しかもしゃっきりと歯ごたえのある東

地場のアナゴに自慢のツメ
江戸前の名に恥じない逸品

京湾産を使う。よその産地のアナゴは、今一つ風味が足りないと主人はいう。アナゴは煮るのが江戸前の基本だが、乃池ではさらに握る直前に少々火で炙るため、香ばしさがいっそう際立つ。口に入れれば逸品のアナゴと独自のツメが舌の上でからまり合って、ただ言葉を失うばかり。

ほかにもすしダネは、主に関東周辺で水揚げされる新鮮なものだけを握っている。マグロも生専門で、今まで冷凍ものはいっさい使ったことはない。すし米は新潟県産のコシヒカリ。みりんや砂糖、酒を加えず、昔ながらに酢と塩だけですし飯を作る。

穴子寿司のほか、玉子・カンピョウ・アナゴを巻いた太巻きもみやげにいい。

職人の滝沢澄雄さん

旬のすしダネが楽しめるにぎり寿し

お品書き

穴子寿司1折	2,500円
太巻き1折	1,600円

乃池

☎03(3821)3922

台東区谷中3-2-3
地下鉄千駄木駅1出口から徒歩3分
営業時間　11時30分～14時、16時30分～22時（日曜、祝日は11時30分～20時）
定休日　水曜
駐車場　なし
地方発送　不可

群林堂《ぐんりんどう》の豆大福

「当日製造し、その日に売り切る」をモットーにするこだわりの和菓子店。豆大福は開店前から行列ができるほどの超人気商品だ。餡は北海道産の小豆、豆は北海道富良野産の赤えんどう豆をたっぷり使い、餅には厳選した東北のもち米を使用している。添加物を一切使っていないため、買った当日が賞味期限。14時頃までには売り切れてしまう。甘いものが苦手なら三角形の豆餅がおすすめ。ほどよい塩味が、餅と豆にぴったり合っている。

夏は水羊羹や葛桜、秋は栗むし羊羹など、季節ごとの和菓子も好評。

食べれば納得の豆大福は素材にこだわった逸品

大きな豆をたっぷり使った豆大福

ご主人の池田正一さん

お品書き

豆大福1個	190円
豆餅1個	190円
15個入り	3,070円

※どちらも希望の数でみやげ可能

群林堂

☎03(3941)8281

文京区音羽2-1-2

地下鉄護国寺駅から徒歩1分

営業時間　9時30分～17時

定休日　日・月曜

駐車場　なし

地方発送　不可

懐かしい抹茶や砂糖もある昔ながらの堅焼きせんべい

四角い堅焼きの醤油せんべい（左）と茶せんべい

お品書き

醤油せんべい1枚	60円
甘せんべい、茶せんべい1枚	70円

菊見《きくみ》せんべいの せんべい

明治の初め、みやげ用に売り出された当時と変わらないこの店のせんべいは、今ではすっかり珍しくなった厚焼き。形も四角くてごつく食べごたえがある。醤油のほか、砂糖をかけた甘せんべい、抹茶砂糖がけの茶せんべい、唐辛子せんべいなどがある。

甘口の甘せんべいや茶せんべいは、ひと昔前まではどこのせんべい店にもあったが、作る店が減った今は貴重な存在だ。

団子坂《だんござか》に堂々とした姿をみせる建物は、昭和52年に建て替えたもの。加賀の大工を頼み、木造の純和風に作ってもらったという。

菊見せんべい総本店
☎03(3821)1215
文京区千駄木3-37-16
地下鉄千駄木駅から徒歩1分
営業時間　10時～19時
定休日　月曜
駐車場　なし
地方発送　可能

元米副大統領をとりこにした行列必至の絶品のたいやき

たっぷりの餡とパリッとした皮とのハーモニーが素晴らしい

お品書き

たいやき……………………… **170円**

根津《ねづ》のたいやきの たいやき

昭和32年（1957）に人形町の名店・柳屋（82頁）の支店として開業し、その後独立。冬なら店の前に長くできる行列に驚かされる。

行列は一年中できるが、その列に並んだ一人に、元アメリカ副大統領で、後に駐日アメリカ大使を務めたモンデール氏がいる。最初はあいにくと売り切れ。次のときに並んで買ってもらったが、待っただけのことはあったのか、大使は感激して、味だけでなく日本の心を体験できたと、感謝の手紙が届いたという。量に限りがあり、早い時間に売り切れることも多い。

根津のたいやき

☎03(3823)6277

※混雑時は対応不可

文京区根津1-23-9-104

地下鉄根津駅から徒歩３分

営業時間　10時（変動あり）～売り切れ次第閉店

定休日　不定休

駐車場　なし

地方発送　不可

八《や》重《え》垣《がき》煎餅《せんべい》の

手焼き煎餅

創業昭和6年（1931）。今も店頭で手焼きのせんべいを焼いている。伝統の堅焼きの醤油せんべいは、生地にコシヒカリを使い、秘伝のタレは昔ながらの辛めの味わい。全国菓子大博覧会で名誉金賞や名誉大賞を受賞した、自慢の品だ。

ほかに商品は100種類もあるが、数年前からは女性にももっと食べてもらいたいからと、バジリコ味やペペロンチーノ味のイタリア系はじめ、ねぎ味噌、胡麻抹茶など、珍しい味つけのせんべいも作っている。スナック菓子のように食べられる、軽い食感のせんべいだ。

八重垣煎餅
☎03(3828)7228
文京区根津1-23-9
地下鉄根津駅から徒歩３分
営業時間　10時～19時（日曜、祝日11時～17時）
定休日　無休
駐車場　なし
地方発送　可能

バジリコやねぎ味噌、胡麻抹茶と多彩な味が楽しい手焼き煎餅

バラエティ豊富なせんべいが揃う

お品書き

バジリコ、ねぎ味噌、ペペロンチーノ、胡麻抹茶、醤油…………………………各300円
手焼き煎餅…………………………700円

弾力のある皮で柔らかな餡を包んだ絶品のどらやき

うさぎやの
どらやき

東京で一、二を争うどら焼の名店。創業者の谷口喜作が大正2年(1913)、現在地に店を開いた。当初は羊羹や最中、せんべいが主流だったが、昭和初めに売り出したどらやきが評判になり、今ではどらやきの店としてあまりに有名。

どら焼は餡と皮だけのごくシンプルな菓子。そのため、素材のよし悪しと焼き加減が味を左右する。この店のどらやきは、十勝産の小豆を使って非常に柔らかく粒餡を仕上げ、皮は生地にれんげの蜂蜜を加えて風味をよくする。きめの細かな皮とその薄茶色の焼き色が食欲をそそる。

一番の特徴は皮の裂け具合。手でちぎるとよくわかるが、気泡が縦に均一に入っている。気泡を縦に入れることにより、噛んだときに歯に合わせて皮がさくっと切れやすくなるのだそうだ。たかがどら焼なのだが、餡の製法から皮の裂け具合まで、しっかり計算しつく

縦に裂ける厚めの皮が歯切れのよさと味の秘密

あっさりした味のうさぎまんじゅう（手前）と初代の名を付けた喜作最中

していることが、人気の秘密といえるだろう。賞味期限は2日間だが、柔らかな餡の水分が皮に移りやすいため、ぜひ買った当日のうちに食べることをおすすめしたい。

芥川龍之介や永井荷風の作品にも登場するなど歴史のある店だけに、ほかの和菓子も多くの人に親しまれてきた。焦がした皮が香ばしい喜作最中や、昭和62年（1987）に干支の菓子として売り出したうさぎまんじゅうは、かわいらしさもあって、どらやきと一緒に買い求める人が多い。

お品書き

どらやき1個	205円
うさぎまんじゅう1個	185円
喜作最中1個	105円

うさぎや

☎03(3831)6195
台東区上野1-10-10
ＪＲ御徒町駅から徒歩5分
営業時間　9時～18時
定休日　水曜
駐車場　なし
地方発送　不可

粘りのある餅に塩っ気のある豆がよく合う豆餅（右）と豆大福

つる瀬の
豆餅、豆大福

昭和5年（1930）創業。伝統の豆餅や豆大福は、餅の割合に比べて北海道十勝産の赤えんどう豆を多めに入れるのが特徴。前日に蒸した豆をもう一度蒸して柔らかくし、熱い餅に平均に散らして混ぜていく。もち米も納得したものだけを使い、石臼で餅を搗く。

　添加物は一切使わず、餅、餡、塩、豆だけで作るので、微妙な塩加減で味が変わる。餅の搗き加減も食感に大きく影響するため、慎重に調整するという。

　また餡は、大粒で皮が薄く香り高い、最高級の十勝産の手より豊祝小豆を特別なアクきりでゆで、上質なざらめを加えて一晩寝かせるという念の入った作り方。柔らかな餅のおいしさが味わえる豆餅、餡と餅と豆が三位一体となった豆大福と、どちらも甲乙つけがたい味に、両方を買い求める人も多い。

　ほかにも、湯島天神の梅の花をモチーフに、梅餡を

ふっくらと柔らかい 豆たっぷりの豆餅、豆大福

梅の香りが楽しめるふく梅（手前）。奥は黒糖の味が生きた墨丸

ういろうで包んだふく梅、黒糖で作ったのどごしがいいわらび餅墨丸《すみまる》も評判の味。うぐいす餅やくず桜はじめ季節の生菓子や、羊羹、焼き菓子、どらやきなど、和菓子類の種類は多彩だ。

つる瀬 本店

☎03(3833)8516

文京区湯島3-35-8

地下鉄湯島駅4番出口からすぐ

営業時間　9時30分～19時（日曜、祝日は～18時）

定休日　月曜（祝日の場合は火曜休）

駐車場　なし

地方発送　豆餅、豆大福は不可

お品書き

豆餅	170円
豆大福	200円
ふく梅	220円
墨丸１箱	1,320円
上生菓子	360円
栗かの子	390円

飴色が美しいかりんとう

ゆしま花月《かげつ》の かりんとう

かりんとうといえば、揚げた生地に黒糖をからめたものがおなじみだが、花月のかりんとうは、太めの棒状の生地を飴色の釉薬《ゆうやく》で仕上げたような、透明感ある色合いが目を楽しませてくれる。カリッと揚がった歯ごたえのよさと、生地のきめの細かさ、からめた飴の甘さが独特。駄菓子風とも昔風ともひと味違うかりんとうとして、全国から引き合いがある。

終戦後、子ども相手の駄菓子店をやっていたが、あるとき砂糖湯を火にかけていたところ、煮詰まって飴になってしまった。それを手軽に作れたかりんとうにかけてみたら、今までになくおいしいかりんとうができたのだという。かりんとうに飴がけをするという製法は他にはなく、唯一の製法として特許もとっていた。

昭和30年代に劇場のこけら落としの引き出物として配られると評判を呼び、京都先斗《ぽんと》町《ちょう》の店のみやげに使

かりかりと歯ごたえのいい 透明感あふれるかりんとう

2種類の梅味がミックスされたあられなど、せんべいにも特色がある

われたりなど、ひいき筋は幅広い。

現店主の溝口さんは、贈り物は贈る喜び、贈られる喜びの両方の喜びが合わさったものという考えから、かりんとうの味はもちろん、入れものの缶やパッケージにまでこだわっている。かりんとうのほか、梅塩味や飴をかけたあられ、揚げせんなどのせんべいがある。

お品書き

かりんとう単衣…………………500円
かりんとう丸缶入り………… 1,850円～
かりんとう大入り袋………… 1,000円

ゆしま花月

☎03(3831)9762

文京区湯島3-39-6
ＪＲ御徒町駅から徒歩5分
営業時間　平日9時30分～20時、土・日曜・祝日10時～17時
定休日　無休
駐車場　なし
地方発送　可能

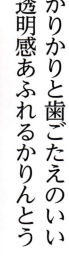

黒餡（写真）のほか、白い皮に白餡入りの大学最中も好評

本郷《ほんごう》三《み》原堂《はらどう》の
大学最中

東京大学のある町、本郷。この店は、その本郷三丁目交差点の角に建つ。東大にちなんで名付けられた大学最中は、初代のご主人が人形町の三原堂（74頁）で修業し、暖簾分けで独立した昭和7年（1932）の創業当時からのロングセラー。種類は黒餡と白餡の2つ。どちらも粒餡で、黒餡は北海道産小豆、白餡は白いんげん豆を使用。さっくりした皮に、じっくりと時間をかけて仕上げた自慢の餡がたっぷり包まれている。形も風味も、飽きのこない素朴な味わいだ。朝の6時から、その日に販売する大学最中を作り始める。

いわば三原堂流どら焼とでもいうべき本郷焼も人気商品。滋味と香り豊かな黒糖を使って、ていねいに焼き上げた皮で、刻んだ栗を混ぜたこし餡をはさんだもので、すっきりとした甘さ。どら焼より皮が薄く、口当たりもいい。季節ごとの上生菓子、旬の味わいが楽し

素朴な円形の大学最中は創業当時からのロングセラー

める焼き菓子、軽い歯ざわりの塩せんべいなどもある。すべての和菓子が仕込みから製造、包装まで一つひとつ心を込めた手作業だ。
　店内の一角には洋菓子コーナーも。看板商品のオランジュショコラ「ジャンヌ」や焼き菓子が並ぶ。

お品書き

大学最中1個	240円
大学最中10個入り	2,600円
本郷焼1個	220円
本郷焼8個入り	1,960円

※2種類を取り混ぜて希望の数でもみやげ可能

本郷三原堂

☎03(3811)4489

文京区本郷3-34-5
地下鉄本郷三丁目駅から徒歩2分
営業時間　9時～19時（土曜は～18時、日曜・祝日は10時～18時）
定休日　隔週日曜
駐車場　なし
地方発送　可能（一部不可）

栗入りのこし餡をはさんだ本郷焼

壺形最中。屋号の壺屋は、砂糖を保存するのに壺を使っていたことに由来する

壺屋《つぼや》の壺形最中

「神頼みしないで、まず気力で行け」という意味の勝海舟の直筆「神逸気旺」（かみいつにしてきさかん）の書が店内を飾る、寛永年間（１６２４〜４４）創業の老舗。壺屋は江戸時代、徳川方藩邸が主なお得意だった。

そのため明治維新後は、徳川の敵だった官軍に商品を売ることを拒んで、店を閉めてしまった。しかし、馴染み客の一人だった勝海舟に「これからは新しい世の中になるのだから、気にしないで店を続けなさい」といわれて再開したという。「今でも店を続けていられるのは勝海舟のおかげです」と、18代目を数えるご主人の入倉喜克さんはいう。

名物は壺の形をした壺形最中。吟味した北海道産の小豆を使い、「口に入れたとき、皮と餡が同時にとけるのがいい最中だ」という先代の教えを守りながらの手作り。白皮はこし餡、薄茶の皮はつぶし餡入り。壺形最中と人気を二分するのが

勝海舟のひと言で店を再開した
寛永年間創業の和菓子の老舗

壺々最中は丸型

壺々最中。こちらも壺屋を代表する明治時代から続く最中で、明治23年（1890）の内国勧業博覧会で有功賞を受賞している。壺屋はまた、江戸の町民が初めて菓子店になった江戸根元菓子店としても名高い。

18代目当主と奥さんの康子さん

お品書き

壺形最中1個 …………	こしあん210円
…………	つぶあん220円
壺形最中5個入り ………………	1,270円
壺々最中1個 ………………………	130円
壺々最中10個入り ……………	1,500円

壺屋総本店

☎03(3811)4645

文京区本郷3-42-8
地下鉄本郷三丁目駅から徒歩5分
営業時間　9時～18時（土曜・祝日は～17時）
定休日　日曜
駐車場　なし
地方発送　不可

文学散策の帙の中に入っている赤門もち、いちょうの舞、御守殿門

扇屋《おうぎや》の

文学散策

文学散策は、東京大学をモチーフにした和菓子の詰め合わせ。いかにも文教の町・本郷らしいと手みやげに好評だ。表に「文学散策」の文字をあしらった、帙《ちつ》（高価な和綴じ本の外箱）を模したアカデミックな雰囲気の赤い箱に、赤門もち・いちょうの舞・御守殿門《ごしゅでんもん》と3種類の和菓子がセットされている。

きな粉をたっぷりまぶした赤門もちは、黒糖を練り込んだわらび餅。アンズを白餡でくるみ、さらにパイ生地で包んで焼いたいちょうの舞は、イチョウの枯れ葉色がきれい。御守殿門（赤門の正式名）は皮に和糖を使ったこし餡入りと、ミルクを用いた皮で黄身餡をくるんだものとの2種類がある。箱には、周辺の文学散策が楽しめる、イラストマップのオマケ入り。

アンズとこし餡を葛で包んだ加賀の氷室《ひむろ》（5月～9月）、ユズを練り込んだ羽二《はぶた》重《え》餅でこし餡をくるみ、へ

文教の町にふさわしい名前もゆかしい和菓子3種

和菓子が好きな東大の留学生もよく訪れるという

ゆず餅（上）と
加賀の氷室

たに見立てたユズ皮を乗せたゆず餅（9月中旬～2月中旬）など、季節感いっぱいの和菓子も揃う。

昭和25年（1950）創業、現当主で3代目の店は赤門の真ん前に建つ。初代は長崎出身のカステラ職人だったといい、その味を受け継ぐカステラ（1斤1826円）は今も好評だ。

3代目の岩下洋一さん

お品書き

文学散策11個入り	2,740円
赤門もち1個	216円
いちょうの舞1個	226円
御守殿門1個	162円
加賀の氷室1箱	1,000円
ゆず餅1箱	1,000円

扇屋

☎03（3811）1120

文京区本郷5-26-5
地下鉄本郷三丁目駅2・4出口から徒歩5分

営業時間　9時～19時
定休日　日曜
駐車場　なし
地方発送　可能

選りすぐった大粒の豆だけを使った塩味落花生

石井いり豆店の
落花生

4代目の石井晴雄・史江さんご夫妻と、5代目になる息子さん夫婦、合わせて4人で営む庶民的な店。練馬から出てきた初代が浅草の豆店で修業し、この地に店を開いたのが明治20年（1887）。木造の現店舗は昭和11年（1936）の建築で、80年以上も前の菓子店の風情を残している。

各豆菓子を入れた、木とガラスでできたケースが懐かしい。丸いガラス瓶（地球瓶）のケースも、この店ではまだまだ現役だ。番重《ばんじゅう》から豆を袋に詰める際に使うブリキ製の器具も古い。豆を煎るのも昔ながらの〝振り網〟と呼ぶ機械で、落花生は20〜30分、大豆な

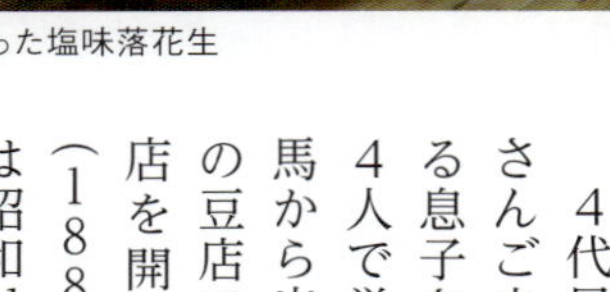

シソ風味の紅梅豆（手前）、醤油味のおのろけ豆（奥）など

建物も店内もひなびた雰囲気
多彩な豆菓子 懐しいケースに

店内はエアコンと蛍光灯以外はほとんど昔のまま

4代目の石井さんご夫婦

ら1時間ほどで煎り上がる。香ばしさが店内に広がり、匂いにつられて訪れる客も見られるほど。

おすすめは千葉県産の落花生。素煎りはほぼ通年買えるが、丸々と太った粒《つぶ》選《よ》りの豆に、塩をまぶして煎った塩味落花生は10月～4月の販売。ほかにバターピーナッツもある。また、落花生を醤油味の衣でくるんだおのろけ豆、砂糖をまぶした落花糖、そら豆を煎っただけのシンプルな煎りそら豆も人気。

店内を眺めていると、古き良き時代の駄菓子店を思い起こさせる、そんな懐かしさが残る店だ。

お品書き

塩味落花生1袋180ｇ ･････････････900円
おのろけ豆・紅梅豆・いそふね各1袋150ｇ
･････････････････････････････330円

石井いり豆店

☎03(3811)2457
文京区西片1-2-7
地下鉄春日駅から徒歩1分
営業時間　9時30分～19時
定休日　日曜、祝日
駐車場　なし
地方発送　可能

昔ながらの味が懐かしい甘辛せんべい

小倉屋《おぐらや》の
せんべい

雑司《ぞうし》が谷《や》1丁目と2丁目を分ける弦巻《つるまき》通りから、狭い路地を一歩南へ入った右側に店がある。目印は軒下にうず高く積まれた、せんべいを入れる四角いブリキ缶。店というより、下町の町工場のような雰囲気だ。

店の造りからも想像がつくが、小倉屋は卸が中心。当主は昭和23年（1948）に山形県の寒河江《さがえ》市を出て、埼玉県草加《そうか》市のせんべい店で修業し、わずか3カ月で独立して、昭和24年にこの地に店を構えた。当主いわく「14歳から21歳まで田舎で炭を焼いていたせいか、せんべいの焼き方を覚える

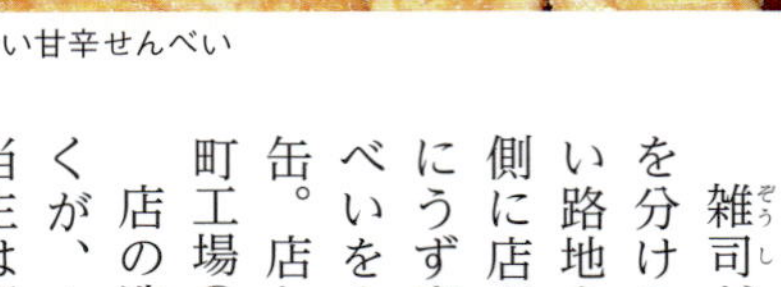
汗をかきかき仕事に励む主人の武田政敏さん

14種類を揃えた懐かしの駄菓子店の味

店内の一角に設けられた売店に14種類のせんべいが並ぶ

せんべいの生地を鉄板に並べる奥さんの福さん

のが早くてさ」。
店内は大半がせんべい製造の作業場だ。そこら中ブリキ缶が積まれた一角に、小売り用の小さなスペースが設けられている。
せんべいはすべてひと口サイズ。当主のふるさとから直送される生地を、1枚1枚鉄板で焼く。味は甘辛ほかわかめ、わさび、エビ、にんにくなど14種類が揃う。なかでも粉末醤油と砂糖をからめた甘辛は、創業当時からつづく味が懐かしい。昭和20～30年代生まれの人なら、子どもの頃に買い食いした駄菓子店のせんべいを思い出すだろう。近所の人たちがひっきりなしにやって来る光景が、小倉屋のせんべいの質と廉価さを物語っている。

お品書き

- 甘辛せんべい1袋 ……………… 200円
- わかめせんべい1袋 …………… 200円
- わさびせんべい1袋 …………… 200円
- エビせんべい1袋 ……………… 200円

小倉屋
☎03(3983)3316
豊島区雑司が谷1-5-2
都電鬼子母神前駅から徒歩10分
営業時間　9時～18時
定休日　日曜、祝日
駐車場　なし
地方発送　可能

歯ごたえのある堅焼き大丸からソフトなサラダせんまで、種類は豊富

丸角《まるかく》せんべいの
あられ、おかき、せんべい

昭和25年（1950）、神田のせんべい店で修業した先代が創業。現在は2代目の土屋正利さんが、東京ならではのせんべいの味を守っている。店内を埋めるのはあられやおかきが中心だ。せんべいが普通うるち米の粉を固めて焼くのに対し、あられやおかきは切った餅を干して焼くか揚げるかしたもの。いかにも餅らしくぷっくりとふくれ、香ばしい風味も生きているこの店自慢の堅焼きおかきは、げんこつと、いかにも堅そうな名前。

うるち米やもち米のせんべいをサラダ油で揚げたソフトせんべいは、サラダ油を使っていることからサラダせんと呼ばれる。店頭にはオーソドックスなバター味や醤油味から、青のりワサビ味、カレー味、明太子味、マヨネーズ味など、若い人向けの味も揃っている。おこげタイプも好評だ。炊いたもち米をそのまま生地に使っているものと、粗挽き

サラダせん、あられのコーナー。どちらも軽い食感が好評

食べても食べても後を引く
東京下町の飾らない味

して粒を残したうるち米を使ったものとがあり、どちらも米のつぶつぶの変わった食感が楽しい。

　伝統的な堅焼き大丸、醤油がしみこんでしっとりやわらかなぬれせん、激辛の唐辛子せんべいなど昔と変わらぬ下町の味のほか、香り豊かなにんにくせんべいなど、店にはあらゆるせんべいが並んでいる。

東京のせんべいの味を守る土屋正利さん

お品書き

サラダせん1袋	240円
あられ類1袋	380円
のりあられ類1袋	455円
堅焼き大丸5枚入り	440円

丸角せんべい

☎03(3917)5695

豊島区駒込3-3-17
ＪＲ駒込駅から徒歩2分

営業時間　11時～19時
定休日　日曜
駐車場　なし
地方発送　不可

ボリューム、味とも他を寄せつけない釜焼き玉子。舌ざわりのなめらかさも特筆もの

扇屋《おうぎや》の
釜《かま》焼《や》き玉子

花の名所の飛鳥山《あすかやま》、王子稲荷に王子神社、そして名《な》主《ぬし》の滝と、王子は江戸の昔から行楽地として賑わったところ。その王子で慶安元年（1648）から店を構えてきた扇屋は、古典落語「王子の狐」にも登場する老舗の料亭だ。現在、料亭としての営業は休止したものの、名物の玉子焼きは今でも販売をつづけている。

釜焼き玉子は直径20センチ、厚さ5センチはある、他店ではほとんど例を見ない、独特の大きな円形の玉子焼きだ。鍋に15個分のとき卵を入れて蓋をして、下からはもちろん上からも炭火で焼く。焼き具合を確かめながら焼くこと約35分、何ともいえぬ色合いの焦げ目がついた釜焼き玉子ができあがる。割り下に使った酒がわずかに香り、ほんのりと甘い。昔は専用の焼き台がなく、釜で焼いたことから釜焼きの名がついたという（焼くのに時間がかかることもあり、釜焼き玉子

老舗中の老舗が誇る よそにはない味と形

厚焼き玉子を焼く15代目の早船武利さん。朝は同時に５枚を焼く

厚焼き玉子には２Ｌサイズの卵を９個使う。あざやかな黄金色が食欲をそそる

は要予約）。

毎朝手作業で焼く厚焼き玉子も、味では引けを取らない。黄金色の色つやも美しく、やや甘めの秘伝のだしが卵の味をふんわりと引き立てている。卵に鶏の挽き肉を混ぜた親子焼き玉子もある。

お品書き

釜焼き玉子1枚	3,820円（要予約）
厚焼き玉子1本	1,200円
厚焼き玉子半分	600円
親子焼き玉子半分	700円

扇屋

☎03（3907）2567

北区岸町1-1-7

ＪＲ王子駅から徒歩1分

営業時間　12時～16時30分

定休日　無休

駐車場　なし

地方発送　可能

久寿餅にはたっぷりの蜜と黄な粉をかけて

石鍋商店《いしなべしょうてん》の久《く》寿《ず》餅《もち》

石鍋商店は、明治20年（1887）の創業で、現在は石鍋和夫さんが4代目の当主である。界隈が行楽客で賑わった戦前までは、周辺の店へもくず餅や寒天を卸していたが、現在は自店の分だけを作る。とはいえ江戸の味を伝える貴重なくず餅とあって、遠方から訪れる固定客も多い。

当主の和夫さんは、よい材料を選ぶこと、できるだけ手作業で昔ながらの味を出すことに腐心する。発酵を助けるため、原料のでんぷんを巨大な木桶に2年間寝かせることもその一つ。木桶がいわば呼吸することにより、独特の微妙な味わいが生まれるという。最終段階では、酸味と発酵臭を取り除くため水にさらし、しかもその水を3回も取り替える。手間と時間のかかる作業をいとわずにこなすことで、ようやくおいしくかつ体に安心な、伝来の名品ができあがる。久寿餅は毎朝その日の分しか作らな

頑固なほど手作りにこだわって 江戸名物の味を今に伝える

昔ながらの道具を使い、昔ながらの手作業で作る

いため、行楽期などは午後の早いうちに売り切れることもある。

　久寿餅のほか、あんみつやところ天、酒まんじゅうも自家製。特に最上級のテングサを煮て作るところ天は、よその品とは香りと歯ごたえがよほど違う。

酒まんじゅう。それとは思えぬ上品さ

お品書き

久寿餅2人前	650円
ところ天	270円
あんみつ	460円
酒まんじゅう1個	190円

※すべておみやげ用

石鍋商店

☎03(3908)3165

北区岸町1-5-10
ＪＲ王子駅から徒歩3分
営業時間　9時30分～18時(土曜・祝日は～17時、召し上がりL.Oは～16時30分)
定休日　日曜
駐車場　なし
地方発送　不可

ふんわりとした弾力が黒松の持ち味

草月《そうげつ》の 黒松

品のいい生菓子を生み出すことで昔から知られた和菓子店だが、初代の市村宇一が昭和33年（1958）に創製した黒松が人気を呼び、一躍知る人ぞ知る名店に。評判を耳にした遠方からの客も多く、一方では近所の主婦やサラリーマンなども訪れるなど客層は幅広く、行列は絶えない。

「常に出来たてを販売するのが創業以来の方針。その日売る分だけしか作りません」と、今もなお、店以外では一切商品を販売しないこだわりが、永く地元で愛されてきたゆえんだろう。

その黒松は、カステラのようなふんわりした生地で餡を包んだどら焼。皮に含まれる気泡が、適度なやわらかさと弾力を生む秘密で、その日の気温や湿度などに合わせて製造の微妙な調整を行うという。黒糖と蜂蜜が生地から香りたち、しっとりしているのも魅力だ。全国菓子博覧会で金賞を受賞した銘菓ながら値段も安

黒糖の香りの生地で出来たての餡を包むどら焼

上）小倉、柚子、大島、抹茶の４種類がある草月羊羹

左）適度な甘さで上品な味わいの草月もなかは、黒餡と白餡の２種類がある

黒松と草月もなかに、色とりどりの生菓子の詰め合わせも楽しい

く、数十個ずつ買う人も珍しくない。

ほかに、大納言の黒餡と大手亡《おおてぼう》の白餡がある草月もなか、小倉や柚子など４種類ある草月羊羹も好評。地方発送はできないものの、生菓子とのセット商品も人気が高い。

お品書き

黒松 1個	120円
御進物用 10個入り	1,380円
草月もなか 1個	130円
草月羊羹 1棹	1,300円

草月

☎03(3914)7530

北区東十条2-15-16

ＪＲ東十条駅南口から徒歩１分

営業時間　9時～19時

定休日　火曜（繁忙期は変更あり）

駐車場　なし

地方発送　可能

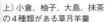

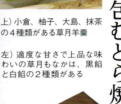

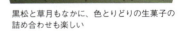

ふっくらした中華種の皮に栗いっぱいの餡がたっぷり

こんがりと皮の焼き色も香ばしい
唐焼き虞美人

あかばねの赤いダイヤは小倉餡・こし餡・白豆餡の３種類

お品書き

唐焼き虞美人1個	260円
あかばねの赤いダイヤ1個	150円
ときわ木1本	820円
自慢最中10個入り	1,750円

喜屋《きや》の 唐《とう》焼《や》き虞《ぐ》美《び》人《じん》

昭和12年（1937）の創業以来、自慢最中や半生菓子が親しまれてきた。一方で現当主は、伝統を基本にした新しいタイプの和菓子の創作にも積極的だ。

自慢の唐焼き虞美人は、中華種と呼ばれる薄いどら焼き風の皮種にたっぷりの栗餡が詰まっている。餡は栗そのものの味に近く、きめ細かくふっくら焼かれた皮との相性もいい。

ダイヤモンド型の小さい最中、あかばねの赤いダイヤも赤羽銘菓として有名。もう一つ、古木を模したときわ木もおすすめ。シナモン風味の小豆餡が秀逸な棹菓子だ。

喜屋

☎03(3901)4712

北区赤羽1-19-3
ＪＲ赤羽駅から徒歩1分

営業時間　9時～18時
定休日　火曜
駐車場　なし
地方発送　可能

進物用の揚最中は６個入り、８個入り、12個入り、18個入り、36個入りもある

小倉餡の南蛮焼

パリッとした皮は まるでせんべいのよう

お品書き

揚最中１個 ‥‥‥‥‥‥‥‥‥‥‥‥‥ 186円
揚最中24個入り ‥‥‥‥ 4,624円（箱代込み）
南蛮焼１個 ‥‥‥‥‥‥‥‥‥‥‥‥‥ 248円
南蛮焼24個入り ‥‥‥‥ 6,122円（箱代込み）

中里《なかざと》の
揚《あげ》最中《もなか》

明治時代に日本橋で創業し、大正12年（1923）にこの地へ移転。5代目の鈴木俊さんご夫妻が仲睦まじく和菓子を作る、小ぢんまりした菓子舗。

揚最中は地粉を水で練った衣を塗り、ゴマ油で揚げた皮で、たっぷりの小倉餡をはさんだもの。塩を振った皮はパリッとして、まるでせんべいのよう。自家製の餡は北海道産の小豆を使った上品な味。黒糖を皮に混ぜたどら焼の南蛮焼も進物にぴったりだ。餡は小倉餡と上質な青えんどう豆のうぐいす餡（10～5月の販売）の2種がある。

中里
☎03（3823）2571
北区中里1-6-11
JR駒込駅から徒歩1分
営業時間　10時～18時（土曜、祝日は～17時）
定休日　日曜
駐車場　なし
地方発送　可能

- 梅園／あわぜんざい
- 常盤堂雷おこし本舗／雷おこし
- やげん堀／七味唐辛子
- 満願堂／芋きん
- 日乃出煎餅／せんべい
- 梅むら／豆寒
- 徳太樓／きんつば
- 憧泉堂／手焼憧せんべい
- 龍昇亭西むら／栗むし羊羹
- こんぶの岩崎／昆布製品
- 海老屋／江戸前佃煮
- 埼玉屋小梅／小梅だんご
- 言問団子／言問団子
- 長命寺桜もち／桜もち
- 志満ん草餅／草餅
- 墨田園／つりがね最中
- 山田家／人形焼
- 船橋屋／くず餅
- 但元／いり豆
- ㊊伊勢屋／焼きだんご
- カトレア／元祖カレーパン
- 髙木屋老舗／草だんご

浅草・向島・亀戸・柴又界隈

ASAKUSA・MUKOUJIMA・KAMEIDO・SHIBAMATA

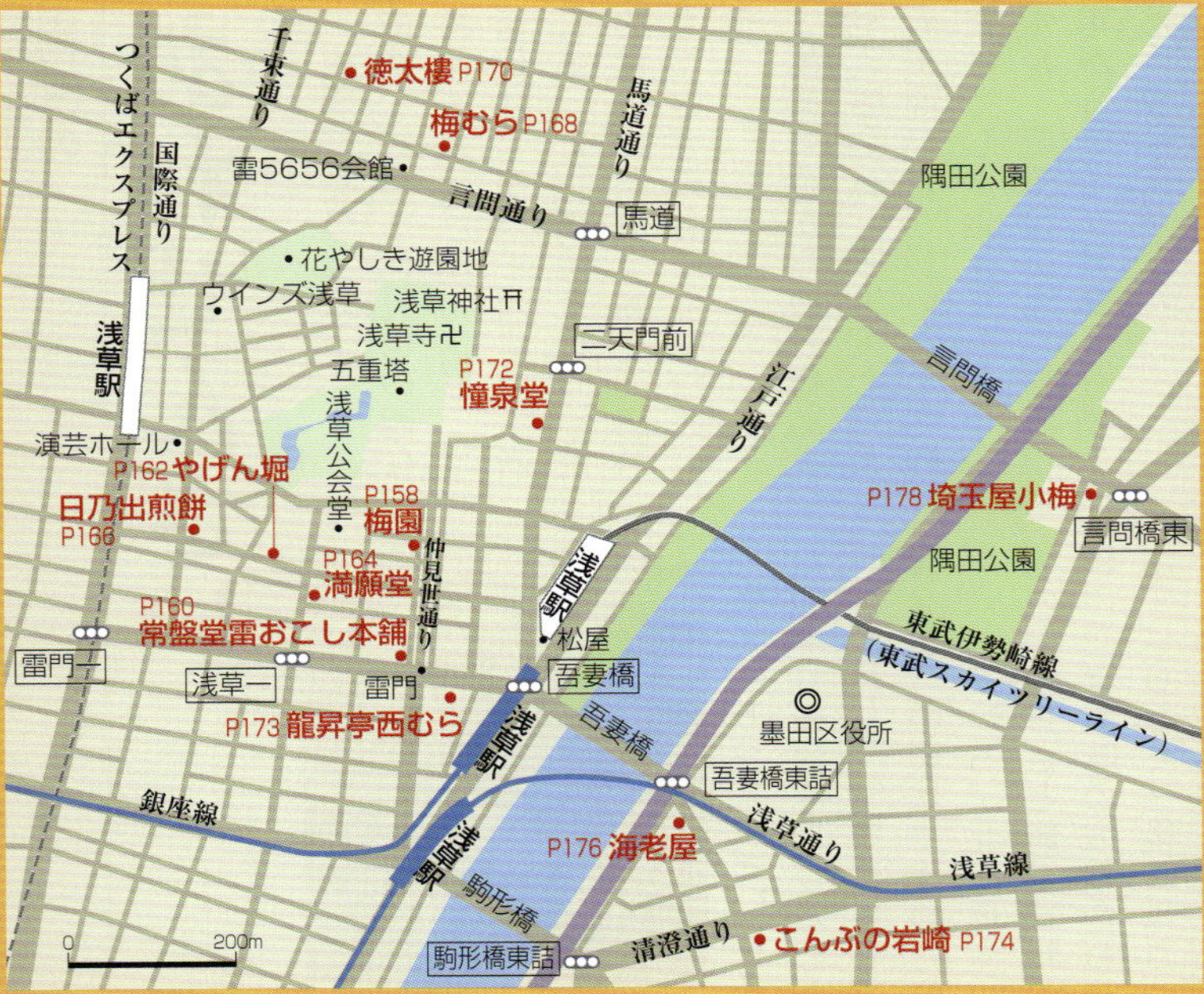

160年以上も変わらない看板商品のあわぜんざい

梅園《うめぞの》のあわぜんざい

梅園は安政元年（1854）創業、浅草・仲見世の西に接する路地に店を構える。初代は、かつて浅草寺山内にあった梅園《ばいおん》院という小院の境内に茶店を開き、店名もこの寺の名にちなむという。

　創業当時からの名物あわぜんざいは、今も変わらぬ看板商品だ。長いこと店内だけでしか食べられなかったが、要望に応えて平成13年からテイクアウトもできるようになった。

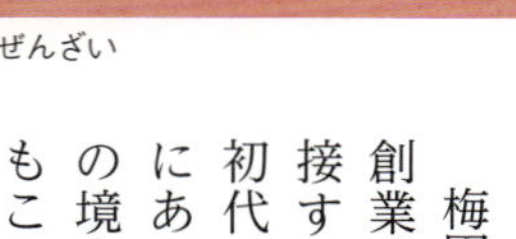

落ち着ける店内

　梅園のあわぜんざいには、たっぷり一日水にひたした餅黍《もちきび》を蒸して半搗《づ》きにする、昔ながらの製法で作った餅が入っている。北海道産小豆の餡の甘さと餅黍独特のほのかな酸味の取り合わせがすばらしく、後味はさっ

浅草寺詣での人々に好まれた餡と餅黍の精妙な取り合わせ

上）テイクアウト用のあんみつ。濃厚に仕上げた黒蜜が自慢

左）どら焼と栗きんとんどら焼

ぱりとさわやかだ。店内用と合わせてその日の分しか作らないため、販売用の数には制限があって品切れになることも珍しくない。添加物なしだから、手に入れたら早めに食べたい。

　伊豆半島・諸島のテングサで作る寒天に、数種類の隠し味をきかせた昔ながらの黒蜜をかけたあんみつやどら焼、栗きんとんどら焼も手みやげにいい。抹茶あんみつ、わらび餅、湯葉ぞうになどがいただける店内は、浅草寺参詣の行き帰りに立ち寄る女性でいつもにぎわっている。

お品書き

あわぜんざい1個	600円
あんみつ1個	500円
どら焼1個	250円
栗きんとんどら焼 1個	250円

梅園

☎03(3841)7580

台東区浅草1-31-12

地下鉄浅草駅1出口から徒歩5分

営業時間　10時～20時

定休日　月2回水曜不定休

駐車場　なし

地方発送　可能（一部不可）

雷神上磯部缶は、白砂糖と黒糖のおこしの詰め合わせ

常盤堂《ときわどう》雷《かみなり》おこし本舗の

雷おこし

おこしの歴史は古く、唐《もろこし》(中国)から渡ってきた、あるいは昔からの保存食が変化した、など諸説がある。浅草で売られるようになったのは江戸時代後期から。雷おこしの名は、浅草寺の雷門にちなむ。「おこし」が「家を起こす」「名を起こす」などに通じるとして、縁起物としても人気が高い。

おこしの原料は、関東は米、関西は粟が基本。常盤堂雷おこし本舗の看板商品、上磯部《じょういそべ》おこしも、米を主原料にしたふっくらしたおこし種に蜜をからめて固めている。贈答用には白砂糖と黒糖のおこしをそれぞれ個包装して、雷神様が浮き上がる角缶に詰めた雷神上磯部缶が最適。ほかに抹茶と海苔の風味があり、4種類のおこしを取り混ぜた袋物の上磯部4種ミックスも喜ばれている。

そのほか、売れ筋の雷おこしをさまざまに詰め合わせたかみなりや、うるち米の風味を存分に引き出した

縁起ものの雷おこし 今も下町の伝統の味を守り続ける

店頭ではおこしの製造実演が行われている

洋風おこしチュララは、ミルクピーナッツ、キャラメルアーモンド、メープルココナッツの３種類

お品書き

雷神上磯部缶（小）（200g）	1,000円
かみなり TKS（160g）	600円
和菓あさくさ TKL（48枚入り）	2,400円
チュララ 袋入り（170g）	500円
チュララ 丸缶（3種入り）（170g）	1,000円

常盤堂雷おこし本舗

☎03（3841）5656

東京都台東区浅草1-3-2

地下鉄浅草駅1出口から徒歩2分

営業時間　9時～20時30分

定休日　無休

駐車場　なし

地方発送　可能

広い店内には、雷おこしだけでも50種以上が揃う

和菓あさくさ、浅草三社祭の賑やかさを表現した浅草祭など、みやげ向きのおこしのラインナップは豊富。さらに、洋風おこしチュララもある。ナッツ類と練乳などをからめた軽やかなおいしさは、新たなおこしの魅力を教えてくれる。

上から時計回りに中辛、大辛、小辛。香りもそれぞれ異なる

やげん堀《ぼり》の
七味唐辛子

うどんやそばに欠かせない七味唐辛子。そのルーツは寛永2年（1625）、初代からし屋徳右衛門が両国薬研堀《やげんぼり》で漢方薬をヒントに考え出したもの。それまで日本には香辛料をブレンドしたものがなく、江戸の一般的な食べ物であるそばに、ぴりっとした辛さがよく合ったことから、たちまち広まったという。当時は富山の薬売りと同様に、行商として全国を売り歩いたが、やがてそれぞれの土地に根を下ろした店もでき、京都の七味家《しちみや》、長野の八幡屋礒《やわたやいそ》五郎《ごろう》もこのようにして生まれた店という。

行商は行く先々で口上を述べ、客の好みを聞きながら材料を調合した。今も浅草本店では、小辛、中辛、大辛の3種類を基本に、山椒を加えたり、黒ごまを少なめになど、客の希望を聞いて作ってくれる。最近までは売上げの8割が中辛だったが、現在では嗜好が変化し、中辛は6割程度で、

おなじみ七味唐辛子の元祖
自分好みのブレンドを楽しもう

その分大辛が増えている。七味の中身は、辛さの元となる赤唐辛子に加え、粉山椒、黒ごま、麻の実、みかんの皮の陳皮《ちんぴ》、けしの実と、焙煎した焼き唐辛子が配合されている。ちなみに七味家や八幡屋礒五郎では配合が異なり、粉山椒、黒ごま、麻の実、赤唐辛子が共通なほかは、七味家では青海苔や白ごま、しそが加わり、八幡屋礒五郎では生姜、陳皮、しそが入るなど、店により香りや味が異なっている。

七味唐辛子は湿気を吸いやすいため、保存は冷凍がベスト。容器もなるべく小さなものに小出しにするほうがいい。店内には七味唐辛子のほか、オリジナルレシピで作っているふりかけやお茶漬け、江戸開府400年を記念して売り出した洋風七味もある。

好みに合わせてその場でブレンドしてくれる

お品書き

七味唐辛子27g	500円
木製容器各種（中身付）	1,900円
ぬり缶容器（中身付）	950円

やげん堀 浅草本店

☎03(3626)7716
（本社営業部）

台東区浅草1-28-3
地下鉄浅草駅から徒歩5分
営業時間　10時～18時（土・日曜、祝日は～19時）
定休日　不定休
駐車場　なし
地方発送　可能

自然な甘さの芋きんは、女性ばかりでなく男性にも好まれている

満願堂《まんがんどう》の

芋きん

デパートのイベントで、その場で焼いて仕上げる実演販売が大人気の芋きん。吉原《よしわら》土手《どて》の名物だったきんつばは、「年期増しても食べたいものは　土手のきんつばさつまいも」と戯れ歌にも歌われたように、吉原の花魁《おいらん》や太夫《たゆう》たちにひとときの安らぎを与えてくれた、さつまいもで作った菓子だった。

満願堂の芋きんは、この伝説の菓子を再現している。厳選した鹿児島のさつまいもを使い、中身には低温でじっくり炊いて甘さを引き出した芋餡、皮には焼き芋の皮を乾燥させて粉末にし、小麦粉と混ぜたものを使うなど、さつまいもを余すところなく利用している。胃にもたれないよう、消化剤の役割を果たす皮を混ぜているのが特色だ。

ほんのりとした自然の甘みにあふれ、ビタミンや食物繊維が豊富な無添加の健康食品でもある。寒い季節ならオーブントースターで

催事で引っぱりだこの皮もおいしい芋きん

満願堂といえば実演。本店では焼きたてを買える

焦げ目がつくほど焼いてもいい。皮がパリッとして、さらに味わいが増す。

　芋きんは保存料など添加物が入っていないため、日持ちは製造後24時間。遠方へのみやげには、芋に相性のいい栗を加え、餡も羊羹風にして日持ちをよくした栗入り芋きんがいい。

提灯が並ぶ明るい店内

お品書き

芋きん１個	120円
栗入り芋きん１個	150円

満願堂 本店

☎03(5828)0548

台東区浅草1-21-5
地下鉄浅草駅から徒歩5分
営業時間　10時～19時30分
定休日　無休
駐車場　なし
地方発送　芋きんは不可。栗入り芋きん可

ほんのりと湯気がたつ焼きたてのせんべい

日《ひ》乃《の》出《で》煎餅《せんべい》の
せんべい

4代目現当主の曾祖母に当たる初代が、荒川区南千住に駄菓子店を開き、そのかたわらせんべいを焼いて売り始めたのは大正2年(1913)。その後2代目は吉原《よしわら》で20年ほどせんべい店を営み、浅草に移ってきたのは3代目から。

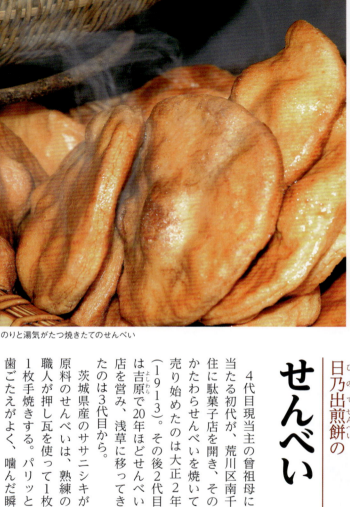

茨城県産のササニシキが原料のせんべいは、熟練の職人が押し瓦を使って1枚1枚手焼きする。パリッと歯ごたえがよく、噛んだ瞬間に香ばしさが口いっぱいに広がる、初代おばあちゃん伝来の一品だ。飾らず、しかも飽きない味に古くからのファンが多く、近くの浅草演芸ホールに出演する芸人さんたちにも人気がある。なかでも漫才師の内海桂子さんは、長年この店に通っている常連の一人。特上手焼せんべいの袋には、内海さんの手になるほおずき市の絵が描かれるほどだ。

店頭では堅い特上手焼、小さくてやわらかいかるせんの2種類を焼いており、

心を込めた手焼きで伝える懐かしきおばあちゃんの味

1枚1枚ていねいに手焼きする3代目（先代）

時間さえ合えば、湯気が立っているあつあつの焼きたてを買える。

店頭風景

特上手焼せんべいの袋を飾る内海桂子さんの絵

お品書き

天日干特上手焼1枚	110円
うす焼15枚入り	500円

日乃出煎餅

☎03(3844)4110

台東区浅草1-26-4
地下鉄浅草駅1出口から徒歩7分
営業時間　10時30分～18時30分
定休日　火曜
駐車場　なし
地方発送　可能（一部不可）

豆寒は今もご主人の若林さんの手作り。甘さもほどよい

梅むらの 豆寒《まめかん》

浅草寺の裏手、言問《こととい》通りを越えた浅草3～4丁目あたりは、古くは象潟《きさかた》と呼ばれた花柳街だったところ。こういう華やかだった街には必ず、酔った客がきれいどころを連れてやって来る評判の店がある。その1軒が梅むらだ。

梅むらは元祖豆寒が人気の小さな甘味処。店内はカウンター6席とテーブルを2つ置いた小上がりがあるだけで、一見すると一杯酒場のよう。

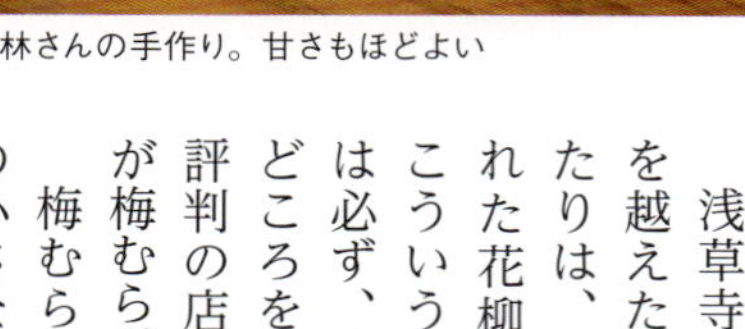

一見すると一杯酒場のような店内

ご主人の若林柳太郎さんは、戦後まもなくから近くの梅邑《うめむら》で修業。ある日、客に寒天と豆だけを食べたい

ご主人が考案した豆寒は今や浅草の隠れた名物

といわれ、それをヒントに考案したのが豆寒だ。

　豆寒は伊豆七島産のテングサを使った寒天の上に、北海道産の赤えんどう豆をたっぷりのせ、さっぱりした甘さの黒蜜をかけて食べる健康食。豆のほのかな塩味と黒蜜との相性がぴったり。当初は白蜜を使っていたが、昭和43年（1968）、若林さんが独立した際、コクをもたせるために黒蜜に代えたところ、大いにヒットしたという。寒天以外はすべて自家製だ。芸能人の客も少なくないそうだ。

　梅むらはあんみつも好評。寒天の上にみかん、チェリー、求肥《ぎゅうひ》、餡をのせ、豆寒と同じ黒蜜をかけて食べる。

豆寒を考案した若林柳太郎さん

ほどよい甘さに仕上がっていて、1つ食べただけでは物足りないほど。

　かつての花柳街は、今は浅草寺の賑わいを横目に落ち着いた雰囲気に包まれている。

　若林さんの片腕は、2代目にあたる息子さんだ。

あんみつもほとんど手作り

お品書き

豆寒1個	500円
あんみつ1個	600円

※どちらも希望の数でみやげ可能

梅むら

☎03(3873)6992

台東区浅草3-22-12
地下鉄浅草駅から徒歩7分

営業時間　12時30分～19時（L.O18時30分）
定休日　日曜
駐車場　なし
地方発送　不可

きんつばの味は創業当時から変わらない

徳太樓《とくたろう》の
きんつば

浅草寺裏手、言問《ことどい》通りから1本北へ入った路地に、手入れのよい植え込みを左右にあしらった純和風の店が建つ。一帯は古くからの花柳街で、盛時には夜ごと絃歌のさざめきにあふれたという。

昔とは比べるべくもないが、今でも地元で観音裏花柳街と呼ばれるとおり、日が落ちた頃には道を行き交うあでやかな芸者衆の姿が見られる。

明治36年（１９０３）の創業以来、きんつばは徳太樓の一枚看板だ。つぶし餡と寒天を混ぜて形を整え、水で溶いた小麦粉をつけてゴマ油を引いた鉄板で焼くきんつばは、長く愛されてきた素朴な和菓子の一つ。

徳太樓のきんつばは、鉄板の代わりに銅板を使い、餡と皮をなじませながら、一面ずつていねいに手焼きで仕上げる。一日平均５００から６００個、大晦日には２０００個以上も売れるほどの超人気商品は、昔から

芸者衆にも好まれてきた銅板で手焼きする伝統の味

豆の渋を使った色が美しい赤飯

主人の増田善一さん

古くからの馴染み客も多い

芸者衆にもファンが多く、かつては屋台を引いて吉原《よしわら》まで売りに行ったこともあるという。現在はインターネット販売も行っている。

もう一つ徳太楼自慢の味は、上質の国産もち米と、豆は北海道産の大納言を使って作る赤飯。

保存料・着色料などはいっさい使用しないが、赤飯の赤い色がいかにも自然で美しいのは、この豆の渋を使っているためだ。手ごろなパック詰めと、催事・慶事などに便利な3合入り、5合入りの折詰め(要予約)がある。

お品書き

きんつば1個	140円
赤飯1パック	430円
どら焼1個	220円

徳太楼

☎03(3874)4073

台東区浅草3-36-2
地下鉄浅草駅6出口から徒歩15分
営業時間　10時～18時(土曜、祝日は～17時)
定休日　日曜(季節の行事により変更あり)
駐車場　なし
地方発送　可能

南部せんべいに似ているが
憧せんべい独特の風味がいい

包装紙に「大入」の文字が入っていて、内祝いなどにもぴったり

川角保行さん

お品書き

手焼憧せんべい1枚 …………………… 130円
手焼憧せんべい12枚箱入り …….. 1,860円～

憧泉堂《どうせんどう》の 手焼《てやき》憧《あこがれ》せんべい

憧せんべいは米ではなく小麦粉を使っており、南部せんべいによく似ている。ご主人の川角保行さんは、南部せんべいを東京に進出させようと岩手県の水沢で修業。試作研究を重ねた末、独特の風味に仕上げて昭和49年(1974)に独立。南部せんべいに比べてやや柔らかく、ほのかな甘みがある。味はピーナッツ、アーモンド、くるみなど7種類。「女性に美容を、男性に健康を、子どもにカロリーを」がキャッチフレーズ。もちろん1枚1枚、川角さんが一つ1枚の鉄の型を用いて店頭で焼く手作りだ。

憧泉堂
☎03(3845)1147
台東区浅草2-35-14
地下鉄浅草駅から徒歩3分
営業時間　10時～19時
定休日　月曜(祝日の場合は営業)
駐車場　なし
地方発送　可能

龍昇亭《りゅうしょうてい》西むらの

栗むし羊羹

江戸末期に浅草雷門前でお茶屋を始め、その後浅草寺の供物などを納める上菓子店となった老舗。名物の栗むし羊羹は小麦粉と小豆餡を練り、蒸して仕上げる。現在の羊羹は寒天を使った練り羊羹が主流だが、歴史は蒸し羊羹の方が古く、手間はかかるが、その分、小豆餡の味わいがよく分かるという。

栗むし羊羹は一年中作っているが、菓子で季節感を出したいからと、生菓子や水菓子、毎月18日の浅草の観音さまの縁日の菓子など、その時期だけにしか作らない菓子も多い。

龍昇亭西むら

☎03(3841)0665

台東区雷門2-18-11

地下鉄浅草駅から徒歩2分

営業時間　9時～19時

定休日　不定休

駐車場　なし

地方発送　可能

ほくほくの栗をのせた
あっさりした蒸し羊羹

羊羹の上にも中にも栗がたっぷり

お品書き

栗むし羊羹1棹 …………………… 1,000円

おしゃれなパッケージで人気を集める昆布詰め合わせ

こんぶの岩崎の
昆布製品

明治27年（１８９４）創業の昆布問屋。最盛期には３５０軒の乾物店に昆布を卸していた。東京の人にもっと昆布を食べてほしいと、自ら吾妻橋のそばに小売店を開いた。扱う昆布は２００種類以上。最高級の羅臼《らうす》昆布や利尻《りしり》昆布などのだし用昆布から加工品まで揃い、オリジナル商品の開発にも熱心に取り組んでいる。

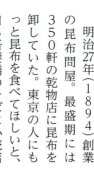

オリジナル商品の一つ、揚げ昆布は、切り昆布を揚げたスナック感覚の昆布。せんべいのような軽い食感と塩味が、ビールによく合う。昆布のおつまみの長生昆布は、子どもから大人まで好評だ。

最近のヒット商品であるおぼろの実は、お湯をかけるだけでおぼろ昆布のだしがきいたお吸い物ができるすぐれもの。店主の岩崎さんは「昆布はだしをとるのに欠かせない素材だが、加工すればおつまみや菓子などいろいろなものに利用できる」と、若い人に食べて

江戸千代紙の箱の中には健康にいい昆布製品がいろいろ

もらえる昆布製品の開発に取り組んでいる。

昆布には牛乳の約7倍ものカルシウムのほか、疲労回復に効果があるビタミンB_1やB_2、成長を促し新陳代謝を調節するヨウ素、塩分を効率よく体外に排出するアルギン酸、抗アレルギー成分などが豊富に含まれており、健康への関心度が高い最近は、アルカリ性食品の昆布はいっそうの注目を集めている。

昔から昆布製品は、佃煮やふりかけなどが贈り物として親しまれてきたが、こんぶの岩崎ではほかにも、厳選した商品の詰め合わせパッケージを豊富に揃えている。江戸千代紙をていねいに貼った多彩な模様のパッケージは、四角形や六角形、羽子板型など形もとりどり。昆布を食べた後も長く楽しめるとあって、贈答品や引き出物として人気を集めている。

最高級の昆布が全国から集まる

全国でも珍しい昆布の専門店

お品書き

揚げ昆布40ｇ	450円
長生昆布140ｇ	700円
おぼろの実5個入り	900円
箱入りおみやげ	1,500円～

こんぶの岩崎

☎03(3622)8994

墨田区吾妻橋1-4-3

地下鉄浅草駅から徒歩７分

営業時間　9時～20時

定休日　不定休(電話で確認)

駐車場　なし

地方発送　可能

手前が名声を高めたたらこ佃煮。たらこの食感と味わいが炊きたてのご飯によく合う

海老屋《えびや》の

江戸前佃煮

　今からは想像しにくいが、幕末の頃の隅田川は水が澄んでいて、鮒《ふな》や川えび、白魚などが豊富にとれた。この豊かな川の幸を素材にして佃煮を作ろうと、明治２年（１８６９）浅草向かいの大川橋《おおかわばし》（吾妻橋《あづまばし》）のたもとに店を構えたのが、初代の川北三郎兵衛。狙いは当たり、海老屋の佃煮は浅草名物の一つとして知られるようになっていった。

　初代が考案した、小えびを殻のまま焼いたえび鬼がら焼きと、小鮒を焼き鳥のように串に刺してタレをつけて焼いた鮒すずめ焼きが看板商品。煮るだけだった佃煮に新しい製造方法を取り入れた。２代目は、醤油だけを使っていた煮汁に砂糖を加えて作った甘辛い佃煮や、関西風の味付けを取り入れた煮豆を考案。戦後にはたらこ佃煮がヒットするなど、現在は佃煮の名店として本・支店のほか、デパートや名店街など30の出店で販売するほどの繁昌ぶ

醤油とみりんの風味が香る江戸前ならではの甘辛佃煮

たらこ佃煮は秘伝のタレで 30 分ほど煮る

りだ。

現在作っている佃煮は約50種類。昔と変わらない製法で江戸前の佃煮を作るほか、塩分が控えめの若煮佃煮や煮豆も揃う。初代が店を構えたときそのままの本店の店頭には、裏の工場からのできたてが運ばれてくる。量り売りもしており、鮎やはぜ、舞茸《まいたけ》など季節ものの佃煮も並ぶ。みやげには袋入りや、30グラム前後の小袋入りで、単身者や、いろいろな味を試したいときにぴったりの味彩シリーズなどがあり、贈答用には詰め合わせの箱入りが揃う。

お品書き

若煮たらこ100g ・・・・・・・・・・・・・・ 1,350円
若煮あさり100g ・・・・・・・・・・・・・・・800円
味彩・・・・ 200～450円（若煮たらこ 450円）

海老屋總本舗 本店

☎03(3625)0003

墨田区吾妻橋1-15-5
地下鉄浅草駅から徒歩４分
営業時間　9時～18時
定休日　元旦
駐車場　なし
地方発送　可能

すりゴマ・黄な粉・青のりの３つの味が楽しめる小梅だんご

埼玉屋《さいたまや》小梅《こうめ》の 小梅だんご

明治30年（1897）、初代の出身県名をとって埼玉屋として創業。その後、店のあった町の名にちなんだ小梅だんごの発売をきっかけに、従来の埼玉屋に小梅を合わせて屋号にした（由緒ある「小梅」の町名は昭和39年に廃止された）。隅田川に架かる言問橋《ことといばし》の東詰、牛嶋神社近くに建つこの店は、初代が開いた埼玉屋の支店で、昭和12年（1937）の開業。本店は現在、埼玉県さいたま市に移転している。

３代目の主人・江原弘さん

名代の小梅だんごは、真ん丸・太めの求肥《ぎゅうひ》のだんごを3個、竹串に刺してある。上から順にすりゴマ・黄な粉・青のりがまぶされており、黄な粉だんごは梅肉入

3つの味をいっぺんに ちょっと太めの串だんご

ふわっとやわらかな桜橋まんじゅう

ショーケースには埼玉屋小梅の自信作がずらりと並ぶ

りの白餡、すりゴマと青のりはこし餡入り。1本で3つの味を同時に楽しめるのがいいと、昔から変わらぬ人気を保っている。

昭和62年（1987）、言問橋の上流に歩行者専用の桜橋が完成したのを記念して考案されたのが、桜の花を刻んで混ぜたこし餡入りの、ひと口サイズの桜橋まんじゅうだ。皮には塩漬けの桜の花があしらわれていてかわいらしい。桜橋まんじゅうには春限定の、桜葉を細かく刻んで混ぜたピンクの餡入りもある。

店内の休み処では、和菓子やところ天のほか赤飯、いなりとのり巻きなど軽食もいただける。

お品書き

小梅だんご1串	190円
桜橋まんじゅう1個	150円

埼玉屋小梅

☎03(3622)1214

墨田区向島1-5-5
東武伊勢崎線業平橋駅から徒歩8分
営業時間　9時〜19時
定休日　月曜（月曜が1日および15日のときは水曜休）
駐車場　なし
地方発送　可能（一部不可）

まん丸で色あいも綺麗な言問団子

言問団子《ことといだんご》の
言問団子

江戸末期、隅田川をはさんで浅草の対岸に位置する向島《むこうじま》は田園が広がるのどかな場所で、春の花見、夏の川遊び、秋の紅葉狩りと、四季それぞれに賑わったという。

向島の一角で植木商を営んでいた初代は文学に造詣が深く、散策に訪れる文人との交流もあった。求めに応じて彼等に休憩場所を提供していたが、その折に出していた手製のだんごが好評だったため、専門の店を出したという。

在原業平の和歌「名にしおはゞいざ言問はむ都鳥我が思ふ人はありやなしやと」にちなんだ店名に、初代の文学への深い思いが感じられる。

明治以降も作家たちに親しまれてきたが、昭和8年（1933）、名曲『波浮の港』や『七つの子』の作詞で知られる野口雨情が来店したとき、だんごを食べながら「都鳥さへ夜長のころは水に歌書く夢も見る」と詠んだ

墨堤の花見に欠かせない
お江戸名物の3色だんご

みやげ用は紙箱入りのほか、瀟洒な杉箱入りもある

店内はしっとり落ち着いた造り。散策途中の休憩にもぴったり

といい、その歌碑が隅田公園に立っている。

　まん丸のきれいな言問団子は、白味噌餡をくちなしの色素で黄色く染めた求肥《ぎゅうひ》で包んだ青梅、うるち米の新粉を芯にした白餡、小豆のこし餡の3種類で1組。餡はどれもしっとりとなめらかな舌ざわりだ。「目の届くところで売る」ことをモットーにしており、今も裏の工場で、店で売る分だけを作っている。手作業で一日数回作っているため、いつでもできたてを買うことができる。みやげは6個入りから60個入りまで各種。

　店内にはテーブル席があり、墨堤の風景を見ながらお茶とだんごでのんびりひと休みできる。

お品書き

6個入り ……………………… 1,380円
店内で食べる言問団子 ………… 690円

言問団子

☎03(3622)0081

東京都墨田区向島5-5-22

東武伊勢崎線曳船駅から徒歩10分

営業時間　9時～18時

定休日　火曜(祝日の場合は営業)、水曜不定休

駐車場　近隣にあり

地方発送　不可

みずみずしい桜の葉にくるまれた桜もち

長命寺《ちょうめいじ》桜もちの
桜もち

　向島《むこうじま》に享保2年(1717)から続く桜もちひと筋の店。伝え書きによれば、大岡越前が町奉行になった頃、初代の山本新六が長命寺脇の隅田川の土手に植わっていた桜の落ち葉を醤油樽で塩漬けにし、餅に巻いて出したのが桜もちの始まりという。甘い餡に塩味という味の妙からか、たちまち江戸の名物菓子となった。文政年間(1818~30)の古文書によると、桜の葉は1年間に樽31個、葉の数にして77万枚が漬けられ、およそ38万個の桜もちが作られたという。

　一帯は関東大震災や第二次世界大戦で焼失したが、そのたびに復興し、店は今も伝統の味を受け継いでいる。戦前までは自家製の桜葉を使っていたが、現在では伊豆松崎で栽培される専用の桜葉を用いている。

　桜もちといえばふつう、桜葉1枚のことが多いが、ここでは大きな葉で2枚、通常は3枚でくるんでいる。

桜の葉3枚で贅沢に包む
およそ3世紀続く江戸の銘菓

緋毛氈の縁台に腰掛けて桜もちをほおばれば、気分はまるで江戸時代に

隅田川の土手を彩る桜並木

食べるときには3枚一緒に食べてもいいが、葉が気になるなら1~2枚外して食べるといい。薄力粉と強力粉をブレンドした餅と餡、桜葉が一体となり、桜もちならではの華やかな食感を出している。

江戸の頃は紙が貴重品だったため、竹を編んだ籠に入れて持ち帰ったといい、今もみやげ用には箱入りと籠入りを用意している。小麦粉で作った餅は時間がたつほど堅くなるため、買い求めたら時間を置かないで味わいたい。店内のテーブル席でも賞味できる。

お品書き

桜もち箱入り5個入り	1,300円
桜もち箱入り8個入り	2,000円

長命寺桜もち

☎03-3622-3266

東京都墨田区向島5-1-14

東武伊勢崎線曳舟駅から徒歩10分

営業時間　8時30分～18時
定休日　月曜
駐車場　なし
地方発送　不可

香り豊かな草餅は餡入り（奥）と、えくぼに蜜ときな粉を好みでかけて味わう餡なしの２種類

志満《じま》ん草餅の

草餅

創業は明治の初め、大川（隅田川）の土手の上で開いていた茶店が始まり。その頃は浅草寺にお参りした後、向島《むこうじま》に渡って百花園で遊び、再び渡し船で帰るコースが人気で、途中でこの店で休憩したという。

現在の店は土手を崩して造られた墨堤《ぼくてい》通り沿いにある、簡素だがいかにも歴史を感じさせるたたずまいだ。餡は十勝の小豆、よもぎは春のものを中心に、新潟をメインに取り寄せる生よもぎだけを使用する。

草餅といえば春のイメージだが、生よもぎを使うため、季節によって味が大きく違う。春のよもぎは色がきれいで、やさしい香りと味わいが特徴。夏は香りが強く、味は濃い。秋になると葉が固くなり、味はさらに濃い。冬は寒さを生き抜くために色は悪いが、力強い味わいで食べごたえがあるなど、四季で味は異なる。この店の草餅の味で季節を感じる常連も多いそうだ。

よもぎの風味が薫る 姿も美しい大川端の草餅

経木包みも風情がある草餅。遠方から買いに訪れる人も多い

仕込みは毎日朝5時から。夏にはアク抜き、秋から冬は堅い長い繊維を取り除き、草の味が強いときには餡の甘さを落として小豆の味を出すようにバランスをとるなど、おいしい草餅を作るためには、縁の下の苦労を惜しまない。草餅は、耳たぶほどの絶妙の柔らかさ。餡入りと、白蜜ときな粉をかけて食べる餡なしの2種類があるが、餡と餅とのハーモニーがいい餡入り、よもぎそのものの風味を楽しむ餡なしと、どちらも甲乙つけがたい。

お品書き

草餅１個 ························ 149円

志満ん草餅

☎03(3611)6831
墨田区堤通1-5-9
東武伊勢崎線曳舟駅から徒歩12分
営業時間　9時～17時(なくなりしだい閉店)
定休日　水曜(祝日の場合は営業)
駐車場　なし
地方発送　不可

ぎっしりと餡が詰まったつりがね最中

墨田園《すみだえん》の
つりがね最中

亀戸《かめいど》天神のすぐ東にある真言宗の寺・普門院は、もとは現在地よりずっと北の隅田川のほとりにあった。元和元年（1615）に寺が亀戸に移転する際、船に積んだ梵鐘《ぼんしょう》を誤って隅田川に落としてしまい、その後梵鐘を引き揚げることはできぬまま、やがてこの地は鐘《かね》ヶ《が》淵《ふち》（現堤《つつみ》通り3丁目）と呼ばれるようになったという。

明治7年（1874）に創業した墨田園の現在の当主は6代目だ。鐘ヶ淵の故事にちなんだ元祖つりがね最中は、昭和初期に3代目が考案した。3代目は自転車に「つりがね最中」と書いた幟《のぼり》をくくり付け、近所を走り回って宣伝に努めたという。その甲斐あって、昭和9年（1934）に国産製菓品評会で金賞を受賞し、以来80年余にわたって、土地を代表する銘菓として親しまれている。

つりがね最中は、薄いピンクの皮のユズ餡、薄緑の皮の抹茶餡、薄茶の皮の小

ぎっしり詰まった餡は3種
食べごたえある吊鐘形の最中

つりがね最中の餡は 3 種類ある。
左から抹茶餡、ユズ餡、小倉餡

6 代目当主の菱沼志朗さん

店内は小ぢんまりとしている

倉餡と3種類が揃い、サイズはそれぞれ大と小がある。北海道産の上質の小豆を使って添加物いっさいなしで作る餡は、6代目当主の手作りだ。夏は1週間、冬なら10日から2週間ほどは日持ちする。

お品書き

つりがね最中大1個	200円
つりがね最中大5個入り	1,100円
つりがね最中小1個	125円
つりがね最中小6個入り	900円

墨田園

☎03(3611)3386

墨田区墨田4-9-17

東武伊勢崎線鐘ケ淵駅から徒歩2分

営業時間　9時～18時30分

定休日　火曜

駐車場　なし

地方発送　可能

一番人気のたぬき（右）と三笠山（左中）、太鼓（左上）は餡入り。紅葉（右上）だけが餡なしだ

山田家《やまだや》の 人形焼

山田家は鶏卵および食料品卸問屋の山七食品を母体とする店。戦後外地から復員し、何か玉子を使った商売をしたいと考えた初代が、昭和26年（1951）に人形焼を目玉商品に開業した。

人形焼は一般に、七福神をかたどったり歌舞伎に題材を得た形のものが多いが、この店では地元に伝わる本所七不思議をモチーフにしている。かつては七不思議に一つずつ、7つの形があったものの、今残るのは「置いてけ堀」のたぬきと「津軽の太鼓」の太鼓のみ。この2つに紅葉と三笠山を加えた、合わせて4つの形が

本所七不思議がモチーフ 姿もかわいい下町の味

店内には人形焼の香ばしさが漂っている

オーソドックスな角箱入り詰め合わせの他、かわいい箱詰めも

ある。なかでは愛嬌たっぷりのたぬきが人気一番とい い、たぬきだけを折詰めにしてみやげにする人も多い。紅葉だけが餡なし、ほかは餡入りだ。

山田家の人形焼は見た目だけでなく、2代目の現当主は素材にもこだわっている。こんがり色よく焼かれた皮は、薄力粉と茨城県奥《おく》久慈《くじ》産の玉子を使い、さらに房総のレンゲ蜂蜜がたっぷり。餡は、選び抜いた北海道産の小豆と極上のザラメで作る。やや大きめ、多少甘めの人形焼は、渋い日本茶によく合う。

お品書き

たぬき1個	130円
太鼓1個	103円
三笠山1個	92円
紅葉1個	38円

山田家

☎03(3634)5599

墨田区江東橋3-8-11

ＪＲ錦糸町駅から徒歩2分

営業時間　10時～18時

定休日　元日、水曜日

駐車場　なし

地方発送　可能

ぷりぷりした弾力が持ち味。黒蜜ときな粉をたっぷりかけると風味が増す

船橋屋《ふなばしや》の
くず餅

亀戸《かめいど》天神門前の一角に店を構える船橋屋は文化2年(1805)、良質な小麦の産地だった下総・船橋出身の初代勘助が、小麦でんぷんを蒸した餅に黒蜜ときな粉をかけて、参道の茶屋で売り出したのが始まり。江戸に生まれた和菓子として江戸っ子に愛され、芥川龍之介や吉川英治、永井荷風らの作家もよく食べに訪れたという。

創業以来200年、くず餅といえば船橋屋といわれるほど名前は定着したが、最近では健康志向の面からも船橋屋のくず餅が注目されている。くず餅そのものが体にやさしい発酵食品であるうえ、黒蜜にはミネラルやビタミン、きな粉にはレシチンやイソフラボンなど体によい成分が豊富に含まれており、だれでも安心して食べられるからだ。

くず餅は上質な小麦粉を水洗いしながら練り、分離抽出したでんぷん質を長時間発酵させ、最後に蒸して

健康食品として脚光を浴びる 200年の伝統ある和菓子

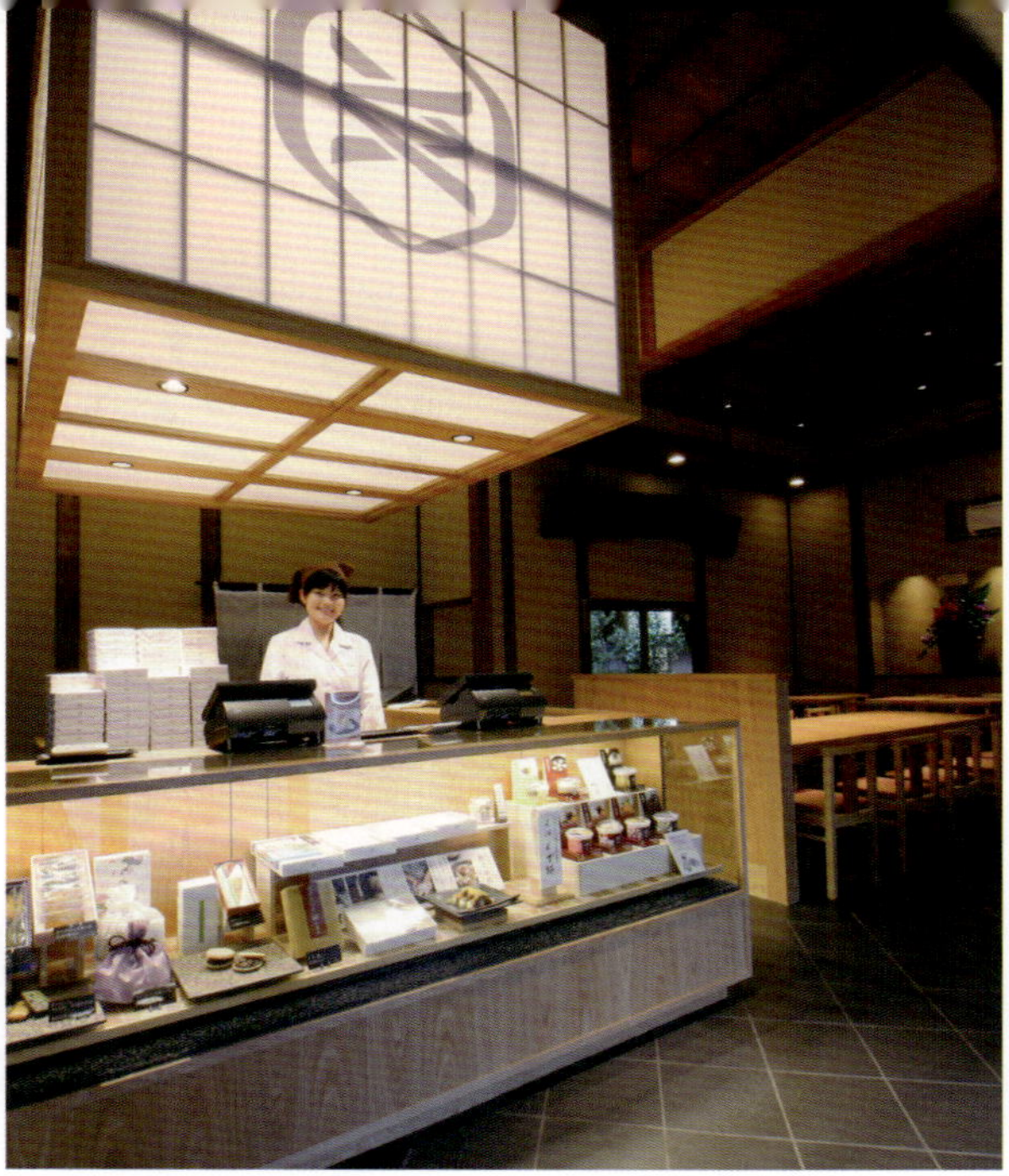

店頭にはさまざまな甘味も並ぶ

作る。船橋屋では発酵のための工場を沖縄県に建て、温暖で自然豊かな環境や乳酸菌の働きが活発になる杉の大木の発酵槽を使うなど、製造工程に気を配っている。

長期発酵が必要なため製造には15カ月もかかるが、添加物は一切使わないから、賞味期限はわずか2日間。昔ながらの製造法を守りつつ、一方で和菓子業界では異例の、品質管理システムの国際規格ISO9001を取得。伝統の技に加えて、最先端の技術が老舗の味を支えている。

お品書き

カップくず餅	450円
くず餅1～2人用	790円
くず餅2～3人用	895円
くず餅4～5人用	1,200円
くず餅6～7人用	1,500円

船橋屋 亀戸天神前本店

☎03(3681)2784

江東区亀戸3-2-14

JR亀戸駅から徒歩12分

営業時間　9時～18時(喫茶は～17時)

定休日　無休

駐車場　なし

地方発送　可能(工場から直送)

人気ナンバー1の塩豆

但元《たじもと》のいり豆

　蔵前橋通りと明治通りの角に、昔ながらの店構えで人目を引くいり豆の専門店。今では珍しい升で量り売りしてくれ、さらに商品が木枠のガラスケースに入っているのも昔懐かしい。

　一番人気は塩豆。グリーンピースにかき殻の粉と塩をかけて煎ったもので、ほんのりとした塩味がビールのつまみにぴったり。かた豆も好評。ソラマメを煎っただけだが、豆そのものの味わいが生きている。千葉県八街名産の落花生は最高級の半立《はんだち》。ほかにも、ピーナッツをくるんだおのろけ豆、適度な歯ごたえが後を引く花豆、3色ビーンズなど、いずれも美味。最近、豆関連食品は健康食としても注目されているが、特に評判の大豆では、北海道産袖振《そでふり》大豆が売れ筋だ。

　店では年間に30種類近くを販売するが、季節ものもあって、時期によって商品点数は異なる。最も多くの商品が揃うのは年始、受験

古き良き時代を偲ばせる懐かしのいり豆がずらり

昔懐かしい雰囲気の店内

花豆（上）／おのろけ豆（下）

レトロなガラスケース

シーズン、亀戸天神藤まつりの頃。店が特ににぎわうのもこの時期という。

但元は、乾物商兼いり豆を商う店として、大正5年（1916）に創業した老舗。現店主の松本志江子さんが3代目だが、前店主の父、元吉さんは93歳まで店を守り〝亀戸の主〟と呼ばれた名物店主。まさにこの豆菓子は、町の歴史が凝縮された味といえるだろう。

北海道産袖振大豆

お品書き

塩豆１合（２dL）················	220円
かた豆１合（２dL）··············	250円
落花生１合（２dL）··············	700円
北海道産袖振大豆１合（２dL）····	220円
おのろけ豆、花豆、３色ビーンズなど１袋 ························	600円

但元 本店

☎03（3681）1520

江東区亀戸2-45-5

ＪＲ亀戸駅から徒歩５分

営業時間　10時15分～20時30分

定休日　木曜（祝日の場合は営業）

地方発送　可能

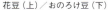

創業以来の味を守りつづけている焼きだんご

(米)伊勢屋《いせや》の焼きだんご

みやげ処(米)伊勢屋は明治40年(1907)の創業以来、深川不動堂(成田山新勝寺東京別院)のすぐ前に店を構えてきた。屋号についている(米)のマークは、初代が修業した和菓子舗〇米《まるこめ》の暖簾を分けてもらった証だ。その創業当時から変わらぬ看板商品が、焼きだんご。上新粉(うるち米を挽いた粉)の大ぶりのだんごを4個串に刺して焼き、甘辛のタレがたっぷりからめてある。串だんごはほかに餡・いそべ・ずんだ・ゴマとあるが、下町らしく、一番よく売れるのはやはり焼きだんごという。

店頭には各種だんごのほか大福・いなり寿し・巻き寿しと古くからの定番が並ぶなか、ユニークな名前の創作菓子も目を引く。門前仲町の通称・門仲《もんなか》と最中を引っかけたもんなかは、4代目の本間秀治さんが、自分が修業した京都の和菓子舗の味を目標に開発したといい、北海道産大納言小豆のつぶし餡のあっさりした甘さがいい。生チョコレートを求肥《ぎゅうひ》で包んでココアパウダーをまぶした深川ちよこも、秀治さんのアイデアから生まれた和洋折衷菓子。もちもちした求肥とトロリととける生チョコレートが口のなかでからみ合う、不思議な食感が新鮮で楽しい。1階と2階の喫茶室では軽い食事もできる。

餡がたっぷり入ったもんなか

売店はＬ字型で広々としている

数ある串だんごのなかで一番といえばやはりこれ

お品書き

きだんご1串	130円
串だんご各種1串	130円
もんなか1個	150円
深川ちよこ6個入り	650円

深川ちよこは人名ではなくチョコの名前

㊎伊勢屋

☎03(3641)0695
江東区富岡1-8-12
地下鉄門前仲町駅1出口からすぐ
営業時間　8時〜20時30分
定休日　不定休
駐車場　なし
地方発送　可能（一部不可）

遠方から買いにくるファンも多い元祖カレーパン

カトレアの 元祖カレーパン

明治10年（1877）、深川常盤町《ときわちょう》（現常盤1～2丁目あたり）に創業した名花《めいか》堂《どう》がカトレアの前身。昭和2年（1927）にその名花堂が「洋食パン」の名で実用新案登録したのが、カレーパンのルーツだ。関東大震災で焼失した店を再建するため、4代目現当主・中田琇三《しゅうぞう》さんの父・豊治さんが知恵を絞った末の商品だった。当時はまだ高級料理だったカレーをパンで包み、流行のカツレツをイメージして油で揚げて洋食パンと名づけて売り出したところ、思いのほかの評判を呼んで四方から買い手が殺到したという。

パン作りのチーフ・池田純夫さん

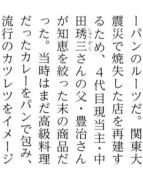

店再建のための新作パンが起死回生の大ヒット

こだわりのこし餡にさっくりしたデニッシュ生地がよく合う深川あんぱん

店内には豊富な種類のパンが並ぶ

　その後もカレーパンの人気は衰えることなく、今でも一日に800個前後は売れる。パンの皮は薄く、その分、ニンジンや玉ネギなどの野菜と豚の挽肉をふんだんに使った具がたっぷり詰まっている。高級な植物性サラダ油と綿実油で揚げるためさっくりと歯ごたえがよく、しかも胃にもたれずヘルシーと、特に女性客に好まれている。

　辛口もあるカレーパンは一日3回、おおよそ7時・11時・15時に作られるから、この時間を目安に行けば揚げたてが買える。

　ちなみに平成に入ってからのヒット商品は、大福豆《おおふくまめ》をひと粒北海道十勝産小豆のこし餡でくるみ、さらにバターデニッシュの生地で包んだ深川あんぱんだ。

お品書き

元祖カレーパン1個	200円
カレーパン辛口1個	210円
深川あんぱん1個	200円

カトレア

☎03(3635)1464

江東区森下1-6-10
地下鉄森下駅 A7出口からすぐ
営業時間　7時～19時(祝日は8時～18時)
定休日　日曜、祝日の月曜
駐車場　なし
地方発送　不可

店内で味わえる草だんごは１皿５個で餡もたっぷり

高木屋老舗《たかぎやろうほ》の

草だんご

　柴又といえば映画『男はつらいよ』の舞台、そしていわずと知れた柴又帝釈天《たいしゃくてん》題経寺の門前町。京成金町線柴又駅から帝釈天へ通じる200メートルほどの狭い参道の両側には、名物草だんごの店が何軒も並ぶ。

　高木屋老舗はそのうちの1軒だ。参道を挟んで南北に1棟ずつ、明治時代と大正時代に建てられた風情ある2棟が向かい合って建ち、南側の建物は『男はつらいよ』の舞台「とらや」のモデルにもなった。

　そんな高木屋老舗の草だんごは、特選のコシヒカリを毎日使う量だけ粉に挽き、筑波山麓で育つヨモギのやわらかい新芽のみを使う。だんごの緑は、着色料などいっさい使わない自然のままの色だ。そして北海道産の手《て》選《よ》り小豆の餡、同じく北海道産つるの子大豆を香りよく煎って挽いた黄な粉と、素材には徹底的にこだわっている。

　もともと柴又はせんべい

自然素材にこだわった今や隠れもなき柴又名物

今にも寅さんが現れそうな高木屋老舗の店内

も名物だった。高木屋老舗のせんべいは、特選銘柄米の生地に明治初期からつづく秘伝の醤油タレを塗って手焼きしており、寅さん愛用のトランクをデザインした箱入りもある。店内でも草だんごのほか、各種甘味も食べられる。

手みやげ用の草だんごは注文を受けてから折に詰めてくれる

お品書き

草だんご12個入り	700円
草だんご20個入り	1,200円
寅さんせんべいトランク型箱入り12枚	1,200円
喫茶・草だんご1皿(5個)	400円

高木屋老舗

☎03(3657)3136

葛飾区柴又 7-7-4
京成金町線柴又駅から徒歩2分
営業時間　7時～17時30分（喫茶は9時～17時・L.O16時30分）
定休日　無休
駐車場　大型観光バス専用（3台）
地方発送　だんご以外は可能

- 文銭堂本舗／文銭最中
- 新正堂／切腹最中
- 虎ノ門岡埜栄泉／豆大福
- しろたえ／レアチーズケーキ
- 赤坂青野／赤坂もち
- とらや／竹皮包羊羹
- 赤坂雪華堂／丹波黒豆甘納豆
- 塩野／上生菓子
- ラ·メゾン·デュ·ショコラ／チョコレート
- 菊家／利休ふやき
- とんかつ まい泉／ヒレかつサンド
- おつな寿司／いなりずし
- 麻布昇月堂／一枚流し麻布あんみつ羊かん
- 豆源／豆菓子
- たぬき煎餅／直焼き煎餅
- 紀文堂／人形焼き
- 浪花家／鯛焼き
- ルコント／フルーツケーキ
- 東京フロインドリーブ／アーモンドパイ

新橋・赤坂・青山・麻布十番界隈

SHINBASHI・AKASAKA・AOYAMA・AZABU-JUBAN

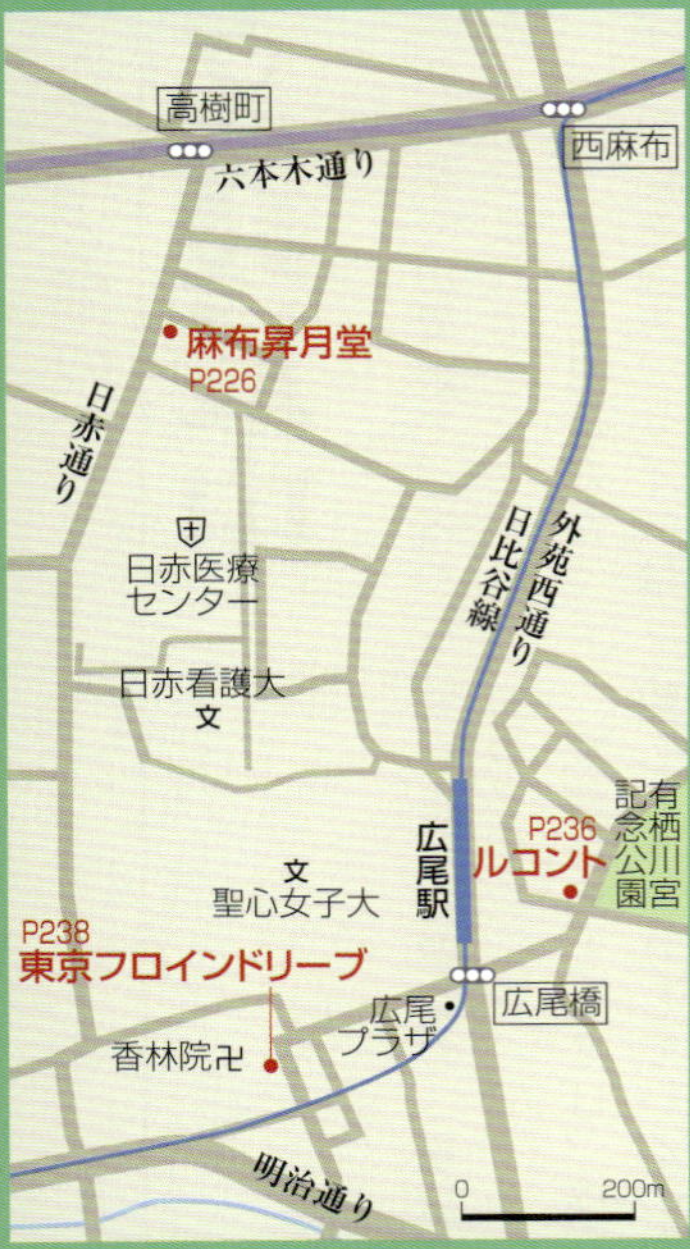

味はもちろん、食べやすい大きさも好ましい文銭最中

文銭堂《ぶんせんどう》本舗の

文銭最中

新橋や三田《みた》界隈で、古くから親しまれてきた文銭最中。しっとりした皮がたっぷりの餡を包み、サイズは小ぶりで食べやすい。小豆はふつう水から炊くが、この店では煮え立った熱湯に小豆を投げ込むようにして煮る。こうすると一瞬で皮が締まり、皮の感触が残っていてしかもやわらかい餡ができるのだという。

文銭最中には、この独特の餡に蜜漬けの大納言小豆を加えた小豆餡と、白餡に栗をまぜた栗餡の２種類がある。

文銭最中といえば、皮も餡もしっとりしているのが特徴。でも皮がぱりっとした作りたての文銭最中も、またひと味違っておいしいのだという。

その作りたてを味わえるのが、自分で作って食べる名前も楽しい最中、学問のすゝめだ。パック入りの餡を好みの量だけ取り、ぱりぱりの皮に挟んで食べる。皮の香ばしさ、餡のほどよい甘さがしっくりと調和して、甘いものが苦手な人でも食べられる。平成12年の発売以来、この最中の人気は高まる一方だ。

黄身餡を黒ゴマの餡で包んだ練り切りの黒牡丹、大納言小豆の餡を黄身餡で包んだ君牡丹、毎月6種類ある上生菓子、季節菓子など、ほかにもさまざまな人気商品が揃う。

皮もしっとり、餡もしっとり 界隈に隠れもない人気

卵を立てたような形が楽しい黒牡丹（右）と君牡丹

自分で餡を取り、自分で皮に挟む。学問のすゝめは自作がおすすめ

界隈の OL やサラリーマンにはなじみの店

お品書き

文銭最中「小豆」1個	120円
文銭最中「栗」1個	120円
学問のすゝめ1箱	1,300円

文銭堂本舗 新橋本店

☎03(3591)4441

港区新橋3-6-14

ＪＲ新橋駅から徒歩3分

営業時間　8時30分～19時（土曜は9時～16時）

定休日　日曜、祝日

駐車場　なし

地方発送　可能（上生菓子と黒牡丹、君牡丹は不可）

切腹最中は、餡がこれでもかとはみ出ている

新正堂《しんしょうどう》の
切腹最中《せっぷくもなか》

アイデアも名前もユニークな和菓子が並ぶ。たとえば、再開発道路の新虎《しんとら》通りにちなんだ新虎ど～ら。どら皮に耳がついた変わり種だ。愛宕《あたご》神社の石段を馬で駆け上り出世の道を切り開いたと伝わる曲垣《まがき》平九郎の故事にちなみ、サブレを階《きざはし》模様にした出世の石段、そして長引く不況を逆手にとった景気上昇最中など。

特に景気上昇最中は、最中を〝もなか〟と〝さいちゅう〟の二通りに読ませたうえ、餡に沖縄の黒糖を練り込んで黒字の願いを込めたり、最中の形を縁起のよい小判型にしたり、景気上昇最中と書いた赤いラベルを箱に右肩上がりに貼るなど、洒落っ気のある当主・渡辺仁久さんの人柄が大いに反映されている。

なかでも極め付きは看板の切腹最中だ。以前の店舗が、浅野内匠頭が切腹した田村右京太夫屋敷跡に建っていたことにちなんで考案されたもので、たっぷりの

アイデアマンの渡辺仁久さんと娘の暦さん

餡が皮からはみ出した姿がなんともユニーク。これがあれば腹を割って話し合えると、会議のお茶請けにも人気だ。黒い餡ばかりで腹黒いと思われてはいけないと、最中の中心には白い求《ぎゅう》肥《ひ》が入っている。次は、どんなアイデアでどんな名前の和菓子が登場するか楽しみだ。

アイデアだけではなく素材にもこだわった最中

これを食べれば景気上昇は間違いなし!?

新正堂

☎03(3431)2512

港区新橋4-27-2

JR 新橋駅から徒歩7分

営業時間　9時～19時(土曜は～17時)

定休日　日曜、祝日、年末年始

駐車場　なし

地方発送　可能

お品書き

切腹最中1個	230円
切腹最中10個入り	2,689円
景気上昇最中1個	190円
景気上昇最中6個入り	1,355円

天井の造りが斬新な店内

弾力のある皮で柔らかな餡を包んだ絶品の豆大福

虎《とら》ノ《の》門《もん》岡《おか》埜《の》栄泉《えいせん》の
豆大福

大正元年（1912）に創業し、昭和23年（1948）に現在の虎ノ門に移転。以来、地元はもとより、遠方から訪れるなじみ客が少なくない。その人気の原点は、創業当時からの味を守ってきた豆大福である。

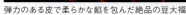

宮城米を始め、精選した米を使って作る、搗きたての餅に、たっぷりと入った自家製の小豆餡と、ほのかな塩みが甘さを引き立てるこだわりの赤えんどう豆が加わる。

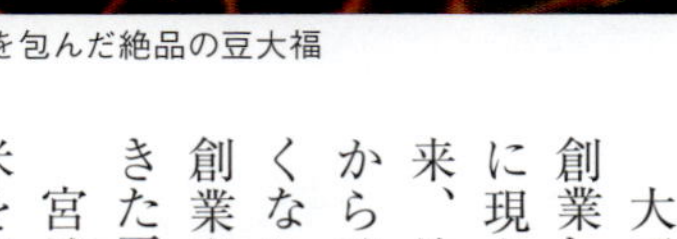

清潔感漂う店内に店の格式が偲ばれる

特に餡は、吟味した北海道産の小豆を用い、手間暇をかけ精魂込めて作る。保存料や添加物を一切使っていないので、賞味期限は当

午前中には売り切れてしまう〝日本一〟を名乗る豆大福

豆大福に劣らぬ人気の
栗饅頭と東饅頭

3種類がある一口羊羹

日限り。だからこそ価値がある。必ず入手したいのなら、電話予約した方がいい。

　このほか、職人気質が強く、味にはことのほか煩《うるさ》かった先代が考案した、栗饅頭も人気。栗の甘露煮が丸ごとひと粒入っており、ずしりと重く存在感たっぷりだ。こちらの餡には、北海道産の白小豆「大手忙《おおてぼう》」が使われている。

　さらに東饅頭、一口羊羹、ワッフル、最中など評判の和菓子が目白押しだ。サラリーマンと覚しきネクタイ姿の客が多いのも、この店の特徴といえるだろう。

お品書き

豆大福1個	260円
栗饅頭1個	280円
東饅頭1個	200円
一口羊羹1個	230円

虎ノ門岡埜栄泉

☎03(3433)5550

港区虎ノ門3-8-24

地下鉄虎ノ門駅から徒歩7分

営業時間　9時～17時（土曜は～12時）

定休日　日曜、祝日

駐車場　なし

地方発送　大福は不可

中央の白いケーキがレアチーズケーキ、右中央はフランボワーズ

しろたえの
レアチーズケーキ

〝素朴、シンプル〟がモットー。食材を吟味し、作り手の心が伝わる菓子づくりが信条だ。多彩な菓子を求めて来店する客が引きも切らないが、なかでも看板商品といわれるのが、雪のように真っ白なレアチーズケーキ。生クリームに、濃厚な味わいのデンマーク産のクリームチーズ、そしてタルト生地の香ばしさが絶妙にマッチし、ファンを魅了する。カットだけでなく、パウンドでも販売し好評だ。

ほかにもフランボワーズやガトーフレーズなどいずれも上質な味わいのケーキがずらり。常時35種類を用意しているというからうれしい。柔らかい皮で、たっぷりのカスタードクリームを包み込んだシュークリームも名高い。

純度の高い北海道産のバターを使い、フワッとした焼き上がりでバターの風味とほどよい甘さが人気のマドレーヌ、サクッとした食

吟味を重ねた材料で作る純白のレアチーズケーキ

レアチーズケーキはカットとパウンドを用意

焼き菓子は好みに応じて詰め合わせにできる

丸々としていかにもおいしそうなシュークリーム

感が心地いいフィナンシェ、レーズンとチョコチップを混ぜ込んだクリームを挟むレザンなどの焼き菓子も評判で、詰め合わせが売れ筋だそう。

落ち着いた雰囲気の喫茶コーナーで、購入したケーキなどを楽しむ客も多い。

上品な洋菓子ずらり

お品書き

レアチーズケーキ1個	260円
レアチーズケーキ12センチ	1,300円～
フランボワーズ1個	350円
シュークリーム1個	180円
マドレーヌ1個	140円
焼き菓子詰合せ12個入	2,370円ほか

しろたえ

☎03(3586)9039

港区赤坂4-1-4

地下鉄赤坂見附駅から徒歩3分

営業時間　10時30分～20時30分（祝日は～19時30分）喫茶は～19時30分（L.O19時）

定休日　日曜

駐車場　なし

地方発送　可能、ケーキ類は不可

ふっくらした餅にたっぷりのきな粉をまぶした赤坂もち

赤坂青野の
赤坂もち

赤坂青野は、江戸時代には青野屋といい、神田明神の横に店舗を構え、店頭だけではなく、街頭売りもしていた飴店だった。明治維新を迎えて甘味を扱う餅菓子店に転業し、五反田に移転するとともに店名も「青野」に改名した。現在地に移ったのは赤坂が商店街として発展を始めて間もない明治32年（1899）。以後、和菓子ひと筋の商いで、当主は5代目にあたる。

　赤坂もちは戦後まもなく3代目が改良した看板商品。それまで別々だった餅ときな粉を一緒にして小さなナイロン風呂敷で包む新発想が人気となり、さらに4代目がプラスチック容器に入れ不織布で包むというスタイルに進化。今ではよく見かけるアイデアは、この店から生まれたものだ。

　餅には刻んだくるみと黒糖が入っていてきな粉との相性もぴったり。季節によって味や柔らかさが変わらないようにと、微妙に水や

一つひとつていねいに
小風呂敷に包まれた老舗の味

店内には常時 30 種ほどの
和菓子が並ぶ

材料の配合を工夫している。小風呂敷のデザインは日本画家・加山又造の絵がモチーフの上品なもの。一般の贈答用のほか慶事用と弔事用もある。

贈答用にぴったりの包み

お品書き

赤坂もち1個	200円
赤坂もち5個包	1,000円
赤坂もち15個入	3,200円
感謝の喜もち5個入	900円

赤坂青野

☎03(3585)0002

港区赤坂7-11-9

地下鉄赤坂駅から徒歩5分

営業時間　9時～19時（土曜は～18時）

定休日　日曜、祝日

駐車場　1台

地方発送　可能

餅と餡に黒糖を使ったひとくち大福の
感謝の喜もち

竹皮包羊羹。サイズ違いの中形羊羹や小形羊羹もある

とらやの
竹皮包羊羹《たけがわづつみようかん》

とらやといえば羊羹であまりにも有名。創業は約５００年前の室町時代後期で、後陽成天皇ご在位中（１５８６〜１６１１）より御所御用を勤めている。明治2年（１８６９）の東京遷都に伴い、とらやも天皇のお供をして、京都の店はそのままにして東京にも進出した。

竹皮包羊羹は江戸時代からとらやの御用留《ごようどめ》帳にその記録を残すほどの歴史を誇る逸品だ。種類は「夜の梅」「おもかげ」「新緑《しんみどり》」の３つ。切り口にのぞく小豆の粒が闇夜に咲く白梅を思わせることから名づけられた「夜の梅」は小倉羊羹。「おもかげ」は黒砂糖の風味が豊か。「新緑」は抹茶入り。いずれも贈答用の化粧箱入りがある。

小豆は風味、色つや、舌触りともに優れた北海道十勝産の「エリモショウズ」という品種を使用。寒天は岐阜や長野で昔ながらの製法で作られる糸寒天を使用するなど、原材料から徹底的にこだわっている。

一つずつ手づくりされる季節感たっぷりの生菓子も見逃せない。半月ごとに種類が入れ替わり、常時5～6種類が店頭に並ぶ。赤坂店を訪れたら、限定品の特製羊羹「千里の風」もぜひ。屋号にちなむ虎模様が独特で、手みやげに打ってつけだ。

丹念につくり上げた生菓子

長い歴史を刻む とらやの伝統の羊羹

檜を使った広々とした空間

赤坂店限定の特製羊羹「千里の風」

とらや 赤坂店

☎03(3408)4121(代)

港区赤坂4-9-22

地下鉄赤坂見附駅A出口から徒歩7分

営業時間　8時30分～19時(土・日曜、祝日は9時30分～18時)

定休日　毎月6日(12月を除く)

駐車場　9台

地方発送　可能(生菓子は不可)

お品書き

竹皮包羊羹 夜の梅、おもかげ、新緑
　各1本 ………………………… 2,800円

竹皮包羊羹 化粧箱
　1本入り ……………………… 3,000円

竹皮包羊羹 化粧箱
　2本入り(夜の梅・おもかげ)…… 5,800円

特製羊羹(竹皮包) 千里の風
　1本 ………………………… 3,600円

この色と艶。黒真珠を思わせる丹波黒豆甘納豆

赤坂雪華堂《せっかどう》の

丹波黒豆甘納豆

明治12年（1879）、「雪の結晶のよう」と称された金平糖《こんぺいとう》を看板に創業。現在では都内各地の支店やデパート内の売店も多く、自慢の甘納豆はじめ伝統の菓子を手広く商っている。

甘納豆には栗・黒豆・お多福・白花・青えんどう・とら豆などがあり、いずれも素材本来の味が生きるよう糖度を抑えて丹精込めて作られ、しっとりした状態を保つための工夫もされている。なかでも丹波産の極上の黒豆を、時間をかけて丹念に炊いた丹波黒豆甘納豆は、黒豆本来のほんのりした甘さが舌にやさしく、後を引いてついつい手が出てしまう。他の甘納豆に比べて値は張るが、贈答品や手みやげに喜ばれている。

3種類の餡を味わえる3色どらやき、7種類の甘納豆が入った開運福どら焼、小豆こし餡に黒豆甘納豆が入った黒豆大福など、品ぞろえは幅広い。

平成16年にデビューした

オトナっぽい抹茶風味の餡が人気の恋茶しぐれ

ふっくらと色・艶ともによく お茶うけに最適の高級甘納豆

ての恋茶《こいちゃ》しぐれは、店期待の新商品。抹茶餡をほろほろの黄身しぐれで包み、上に大粒の丹波黒豆甘納豆がひと粒、ちょこんと乗っている。日本茶はもちろん、コーヒーや紅茶にもよく合い、若い人にも好評だ。

お品書き

丹波黒豆甘納豆箱入り	1,200円〜
栗甘納糖化粧箱入り	1,200円〜
甘納豆詰め合わせ	1,200円〜
恋茶しぐれ1個	150円

雪華堂 赤坂本店

☎03(3585)6933

港区赤坂3-10-6

地下鉄赤坂見附駅から徒歩1分

営業時間　9時30分〜20時(土曜は〜18時)

定休日　日曜、祝日、元旦(12月は無休)

駐車場　なし

地方発送　可能

店頭には数種類の甘納豆を詰め合わせた商品も並ぶ

さわやかな風を感じさせる夏の上生菓子

塩野《しおの》の 上生菓子

　赤坂の繁華な飲食店街の一角にあって、ふっと清涼感を感じさせる純和風の店構え。戦後の創業でありながら、色・姿・味とも繊細な菓子が、早くから近隣の芸者衆や土地になじみの政・財界人に愛されてきた。昭和32年（1957）に始まったTBSテレビ日曜朝の番組『時事放談』では、毎回生菓子を提供したが、これをきっかけに評判に火がついて、全国から注文が殺到したという。

　2代目店主の高橋博さんは、味と食感を大切にした和菓子作りに取り組んでいる。高橋さんによれば和菓子とは餡のおいしさが第一で、その餡の味を生かすよう、ういろうや練り切り、薯蕷《しょよ》（ナガイモやヤマノイモのこと）など、口どけよく餡を包む材料を工夫し、そこにさらに季節感を盛り込んで姿を決めるという。

　毎月10種類ほどが揃う上生菓子は、際立って美しいものばかり。いずれも小ぶり

彩りゆかしく、姿美しく 季節の移ろいを伝える逸品

しばらくは食べずに眺めていたい愛らしい干菓子

たくさんの上生菓子、干菓子、焼菓子が並ぶ店頭

ながら細工はすばらしく、色の取り合わせにも品がある。

季節ごとの菓子も豊富だ。初春の草餅、雛祭りの頃は道明寺《どうみょうじ》桜餅、5月はもちろん柏餅やちまき、夏には涼味あふれる葛や水羊羹、秋は栗を使った羊羹やかのこ、年末は新年を迎えるための花びら餅と、さまざまな菓子が季節の移ろいを伝えてゆく。上生菓子ばかりでなく、干菓子も節句人形のように愛らしい。

贈答には桃山や都わすれ、赤坂日記など、伝統の技が生きる焼菓子もいい。

お品書き

上生菓子1個	400円
干菓子詰め合わせ20個	3,000円
栗羊羹1本	4,100円
花びら餅1個	700円

塩野

☎03(3582)1881

港区赤坂3-11-14

地下鉄赤坂駅から徒歩5分

営業時間　9時～19時（土曜、祝日は～17時）

定休日　日曜

駐車場　なし

地方発送　可能

チョコレートにもパッケージにも、シックなパリの香り

ラ・メゾン・デュ・ショコラの
チョコレート

パリ17区の菓子激戦区で評判をとっていた若き天才ショコラティエ、ロベール・ランクスは、店で人気のあったチョコレート菓子を引っ提げて、1977年にチョコレート専門店ラ・メゾン・デュ・ショコラをオープン。彼が作るカカオの芳香にあふれた粒チョコレートは、たちまちパリ中の話題となったという。

ランクスは2014年に亡くなったが、店ではその後も伝統的な手法をベースに斬新なオリジナリティを加味した、独自のチョコレート作りが続けられてきた。今や店舗はパリに10店舗、ニューヨークに5店舗はじめ中東やアジアにも進出。世界で愛されている。

日本では1998年、表参道に第一号店が開業。現在は少し場所を移し、青山店として1階にブティック（ショップ）、2階にカフェを備えた優美なたたずまいを見せている。

店頭を飾る30種類ほどの

シンプルな店内は大人の雰囲気

口当たりなめらかなトリュフ（左）とオランジェット

フランス生まれのチョコレート
そのエレガンスはまさに宝石

ボンボン・ドゥ・ショコラは、すべてパリのアトリエからの直送。デザインもパッケージもシンプルながら、シックで高級感が漂う。マロングラッセやフィナンシェなどもあり、カフェではアイスやショコラドリンクが味わえる。

お品書き

ボンボン・ドゥ・ショコラの詰合せ	
アタンション 2粒入	1,000円
アソルティモン メゾンS1	
（約29粒入）	8,000円
トリュフプレーン 30粒入	6,800円
オランジェット 50g	2,500円

ラ・メゾン・デュ・ショコラ
青山店

☎03(3499)2168
港区北青山3-10-8
地下鉄表参道駅 B2出口から徒歩1分
営業時間　12時～20時
定休日　無休（1/1～1/3を除く）
駐車場　なし
地方発送　可能

利休ふやきは一つひとつていねいに包装されている

菊家《きくや》の 利休ふやき

それぞれのお茶や趣向に合わせた茶席用の和菓子で有名な、間口2間ほどの小ぢんまりした店。青山通りと六本木通りを結ぶ骨董《こっとう》通りに面して建ち、店先の柳の木と、右から左へ「菊家」と書かれた風格ある木の看板が目印だ。

　名物は安土桃山時代の茶人・千利休が残した文献をもとにつくられた利休ふやき。「そのかみの利休が好みしふやき菓子　いまにつたえて舌にとけいる」と、利休ふやきのしおりにあるとおり、パリッとしているが、口に含むととろりと溶けてしまう軽いお菓子。上品な

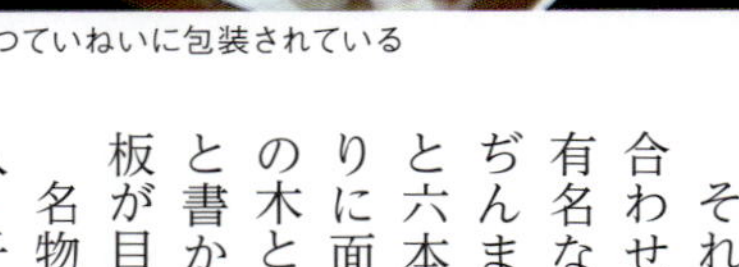

パリッとした歯ごたえの利休ふやき

千利休にちなんで作られた とろりと溶ける風流な茶菓子

４種類の味が楽しめる一口おこし

色調と淡白な甘み、そしてその清楚な姿から、茶席はもとより贈答用としても人気が高い。

20種類ほどの生菓子と15種類余りの干菓子も売られているが、利休万頭と瑞雲《ずいうん》（黄味しぐれ）以外は、季節に合わせて入れ替わる。11月上旬～12月中旬にはゴマ、青ノリ、ニッキ、サンショウの４種類の味を缶に詰めた一口おこしも販売される（売り切れ次第終了）。柔らかでしかもサクッとした歯ごたえがいい。

　創業は昭和11年（１９３６）。黙々と和菓子ひと筋に力を注ぐ当主は２代目。菓子はすべて丹精込めた手作りだ。

お品書き

利休ふやき15枚入り	2,550円
利休ふやき24枚入り	3,600円
利休万頭1個	250円
瑞雲1個	350円
一口おこし1ケース	710円

菊家

☎03（3400）3856

港区南青山5-13-2
地下鉄表参道駅から徒歩8分

営業時間　9時30分～17時（土曜は～15時）※令和2年10月頃まで仮店舗で営業
定休日　日曜、祝日
駐車場　なし
地方発送　可能

店先に掲げられた風格ある木の看板

店内は小ぢんまりしている

肉厚の上質な豚肉を使った人気のヒレかつサンド

とんかつ まい泉《せん》の ヒレかつサンド

　とんかつ嫌いもとんかつ好きにしてしまうという、素材に徹底的にこだわったとんかつレストラン。とんかつ用の肉はオリジナルブランド豚はじめ沖田黒豚や東京Xなど上質の銘柄豚を使用。一枚ずつ手で下ごしらえをし、衣のパン粉は自家製を使い、まろやかな味を出すために厳選した油でカラッと揚げている。とんかつの味をさらに引き立てるソースも野菜がベースの自家製だ。

　メニューは揚げたてのとんかつ料理をはじめ、かつと寿司やそばなどをセットにした御膳料理や、単品料理も多彩。各種みやげも用意している。

　みやげではヒレかつサンドの人気が一番。上質な豚肉はもちろん、サンドイッチ用に開発された特製ソース、指定したレシピをもとに焼かれたパンなど、すべてが贅沢だ。

　また、ひと口サイズで食べやすいミニバーガーもみ

根強いファンも多い
素材にこだわったとんかつ

店はもと銭湯を改造した

ミニバーガーは全６種類

やげにおすすめ。メンチかつ、黒豚メンチかつ、ヒレかつ、エビかつ、ポテコロ、フィッシュかつの６種類があり、いろいろな味のバリエーションが楽しめる。

レストランに隣接してテイクアウトコーナーもある。

賑わうテイクアウトの売店

お品書き

ヒレかつサンド 3切	390円
ヒレかつサンド18切	2,340円
黒豚ミニメンチかつバーガー 1個	180円
ミニメンチかつバーガー 1個	140円
ミニヒレかつバーガー 1個	220円

とんかつ まい泉 青山本店

☎0120-428-485
渋谷区神宮前4-8-5
地下鉄表参道駅から徒歩3分
営業時間　11時～22時45分（併設する売店は10時～19時）
定休日　なし
駐車場　なし
地方発送　不可

いなりずしの折り詰めは６個から100個まで希望の数でみやげにできる

おつな寿司の
いなりずし

明治8年(1875)、六本木の一角に茶店を開いたのが、この店の始まり。初代は近藤つなといい、彼女の作ったいなりずしが評判を呼び、いつの頃からか〝おつなさん〟といえば、いなりずしの代名詞に。庶民はもとより、宮家や高級官吏などの嗜好品としても賞味されるようになったという。

当主の近藤功夫さんは5代目。表裏をひっくり返した油揚げで、ゆずの皮を刻んで混ぜた酢飯を包んだいなりずしは、甘さ控えめのさっぱりとした味。裏返し

いなりずしは上品なひと口サイズ

裏返しにした油揚げとゆずの香りがおつなさんの味

おつなさんの味を守り続ける5代目近藤功夫さん

た油揚げ、旨みを醸すゆず、これもおつなさんのアイデアだという。

　今では1日に2000～3000個が売れ、彼岸にはなんと1万2000個ほどを販売したこともあるという。おつなさんが聞いたら喜ぶより、きっとびっくりする数だ。油揚げは継ぎ足し継ぎ足ししてきた秘伝の煮汁で味付けされている。

　太巻き、かんぴょうの細巻き、いなりずしをセットにしたのり太巻きいなり、たくあん巻き、奈良漬巻き、山ごぼうの味噌漬巻きにいなりずしを加えたおしんこ巻きいなりなどもみやげに手頃だ。

のり太巻きいなり（上）と
おしんこ巻きいなり

お品書き

いなりずし1個 …………………	120円
※100個まで希望の数でみやげ可能(折代別)	
おしんこ巻きいなり1折 ………	1,000円
のり太巻きいなり1折 …………	1,040円

おつな寿司

☎03(3401)9953

港区六本木7-14-4
地下鉄六本木駅から徒歩1分

営業時間　10時～21時（土曜は～20時30分、日曜は～13時。召し上がりは11時30分～14時、17時～・日曜は休み、祝日は不定営業）
定休日　不定休
駐車場　なし
地方発送　不可

店内にはカウンター席とテーブル席もある

一枚流し麻布あんみつ羊かん半箱。寒天・求肥・栗などがたっぷり

麻布《あざぶ》昇月堂《しょうげつどう》の
一枚流《いちまいなが》し麻布あんみつ羊かん

六本木通りの高樹町《たかぎちょう》交差点から日赤医療センター方向に南下する道が日赤通り。かつてこのあたりには著名人の屋敷が多く、その名残か今でも環境は静かで、この商店街もそれらしい賑やかさ、派手さはない。しかし近年は飲食店が増え、昼休みには多くのサラリーマンが通りを行き交うなど、町の表情が少しずつ変わりつつある。年に一度の商店街の秋祭りでは、道の両側に露店がびっしりと並び、この日ばかりは日赤通りも大変な喧騒に包まれる。

大正7年（1918）創業の麻布昇月堂は、商店街の中ほどに建つ。名物は、一枚流し麻布あんみつ羊かん。つぶし餡の羊かんに寒天、求肥《ぎゅうひ》、栗などあんみつの具材がたっぷり入って、みやげに大人気。

抹茶入りの皮、ソバ粉の皮それぞれで大粒の栗を包んだ麻布の月、ソバ粉の皮で求肥とつぶ餡を挟んだ麻布どらやき蕎麦は、初代の

羊羹とあんみつが合体
甘党垂涎の麻布名物

ソバ粉を使った皮が特徴の麻布どらやき蕎麦

丸ごと一粒の栗を使った麻布の月。左は抹茶入りの皮、右はソバ粉の皮

日赤通り商店街を飾るレトロな看板

技を伝える菓子としてどちらもファンが多い。一枚流し麻布あんみつ羊かんと麻布どらやき蕎麦の餡には丹波産、そのほかの餡は北海道産の小豆を使っている。

　黒餡・白餡2種がある麻布羊かん、つぶし餡と栗を挟んだつめたて栗最中も、創業時からの人気商品だ。

モダンな造りの店内

お品書き

一枚流し麻布あんみつ羊かん半箱	1,000円
一枚流し麻布あんみつ羊かん1箱	1,800円
麻布の月8個入り ・・・・・・・・・・・・・・・	2,600円
麻布どらやき蕎麦10個入り ・・・・	2,400円

麻布昇月堂

☎03(3407)0040

港区西麻布4-22-12
地下鉄広尾駅4出口から徒歩10分
営業時間　10時～18時
定休日　日曜、祝日
駐車場　なし
地方発送　可能

おとぼけ豆をはじめ豆菓子は小袋入りが多い

豆源《まめげん》の
豆菓子

店内の一角で香ばしい匂いを漂わせながらおかきを揚げているが、メインは煎り豆などの豆菓子。落花生をはじめそら豆、えんどう豆、アーモンドなどの豆類は、それぞれ旬の時期に良質なものだけを仕入れ、昔ながらの製法で風味豊かな商品が作られる。

特になんきん豆は、その日の朝に煎るため、時間が早ければまだ温かなものを買うことができる。青海苔、えび、刻み海苔の３つの味が楽しめるおとぼけ豆、梅の酸味と香りがいい梅落花、半押しして熱風で煎った柔らかな塩豆など、扱う商品はおかきなども含めて常時約80種類もある。食べ切りサイズの小袋入りなのもありがたい。

創業は慶応元年（１８６５）。初代は駿河屋源兵衛といい、屋台を引いて江戸下町を中心に煎り豆を売り歩き〝豆やの源兵ヱさん〟と呼ばれて親しまれたという。麻布十番に移ってからは、店頭

初代は豆やの源兵ヱさん
江戸風味の豆菓子の専門店

店の一角ではおかきを揚げている

揚げたてのおかきも人気

豆菓子の種類は豊富

に大きな日傘のある店として注目され、江戸風味の豆店として多くの人々に支持されてきた。

現在はビルの1階に店舗を構える。時代が変わっても豆店としての人気は変わらず、一日中、客足の絶えることがない。

お品書き

おとぼけ豆1袋125g入り	300円
梅落花1袋125g入り	300円
塩豆1袋140g入り	350円
煎りたて南京豆1袋135g入り	750円
塩おかき1袋90g入り	370円
塩おかき1袋180g入り	700円

豆源

☎03(3583)0962

港区麻布十番1-8-12

地下鉄麻布十番駅から徒歩2分

営業時間　10時～19時30分

定休日　不定休

駐車場　なし

地方発送　可能

店内はさまざまな豆菓子でいっぱい

大狸（手前）、小狸（右中）、古狸（左中）、元老狸（奥）の４種類のたぬき煎餅

たぬき煎餅の
直焼《じかや》き煎餅《せんべい》

　タヌキと「他を抜く」という言葉をかけて、どの店よりもおいしいせんべいづくりを目指すというのが店名の由来。タヌキの形の直焼きせんべいが看板で、店先では大きな信楽《しがらき》焼のタヌキが愛嬌をふりまく。

　昭和3年（1928）創業。当初は浅草柳橋に店を構えたが、昭和20年（1945）の東京大空襲を機に、近くに狸穴《まみあな》や狸坂《たぬきざか》などの地名がある現在地に縁を感じて移転した。

　当主は3代目。自ら店の一角で3時間余りかけて400枚ほどのせんべいを焼き、その傍らで義弟が焼き上がったせんべいにすばやく醤油を塗る。

　たぬき煎餅のメインは4種類。小狸は柔らかく、古狸は中間の硬さ。濃いめの醤油を塗った大狸は厚焼きで、醤油を二度塗りした堅焼きが元老《げんろう》狸。原料の米は庄内産を使い、初代から伝わる昔ながらの手法で焼く。この4種類のせんべいには、

他を抜きどこよりもおいしい日本一のせんべいを目指す

店先で毎日400枚のせんべいを焼く日永治樹さん

宮内庁御用達の御用蔵製の醤油を用いている。小狸は焼きたて（1枚120円）を買うこともできる。

えび入りで、周りにゆずや抹茶、海苔、ざらめなどをまぶしたかわいいひと口サイズのわらべ狸（1袋8枚入り）もタヌキの形。

お品書き

小狸5枚入り	……400円（直焼き600円）
大狸5枚入り	……500円（直焼き750円）
古狸5枚入り	……500円（直焼き750円）
元老狸5枚入り	…… 800円（直焼きのみ）
	※ほかに詰め合わせもある
わらべ狸8袋入り	…………… 1,000円

たぬき煎餅

☎03（3585）0501

港区麻布十番1-9-13

地下鉄麻布十番駅から徒歩2分

営業時間　9時～20時（土・日曜、祝日は～18時）

定休日　なし

駐車場　なし

地方発送　可

いろいろな味が楽しめるわらべ狸

焼き色も絶妙な人形焼き。表情も豊かで食べるのがもったいないほど

紀《き》文堂《ぶんどう》の
人形焼き

初代が修業を重ねた浅草雷門の紀文堂総本店から、明治43年（1910）に暖簾分けして、現在の麻布十番商店街で独立。当主で3代目を数える、手焼きの菓子舗だ。

著名人にもファンが多い餡入りの人形焼きは、ふくよかな七福神の顔をかたどったもの。七福神といえば大黒天、恵比須、毘沙門天、弁財天、福禄寿、寿老人、布袋の七柱の福徳の神だが、この店の七福神はじつは毘沙門天のいない六福神。これは型の都合。それでもめでたいとあってお祝いごとなどに喜ばれている。

餡は北海道十勝産の小豆を使用。生地は焼き上がりを美しくするため薄力粉とでんぷん質を多く含む強力粉を混ぜ合わせ、砂糖と蜂蜜を加えてたっぷりの卵で溶く。水はほとんど使わないから焼き色と艶加減もちょうどよく、一度食べたら忘れられない豊潤な味だ。

人形焼きの生地にメレン

ふっくら焼けた六福神は お祝いごとに最適

見事な手さばきを見せるご主人の須崎正巳さん

分厚い生地のワッフルは、シックでしかもどこかひなびた味わい

お品書き

人形焼き1個	100円
人形焼き12個入り	1,340円
ワッフル各1個	130～170円
ワッフル12個入り	1,540円
秋の山1袋	550円

紀文堂

☎03(3451)8918
港区麻布十番2-4-9
地下鉄麻布十番駅から徒歩3分
営業時間　9時30分～19時
定休日　火曜
駐車場　なし
地方発送　可能

ゲを加えて焼いたのがワッフルと秋の山。ワッフルはカスタードクリームとあんずジャム入りの2種類。秋の山は栗や松茸などをかたどった、餡なしのやや小ぶりの人形焼きだ。

薄い皮がカリッと焼けて餡もたっぷりの鯛焼き

浪花家《なにわや》の 鯛焼き

映画監督の山本嘉次郎や詩人のサトウハチローも常連だった老舗。創業は明治42年（1909）。日本で初めて鯛焼きを売り出したのがこの店だ。

　餡は北海道産の上質な小豆を時間をかけてじっくりと炊く自家製。煮かたにコツがあり、出来上がりにほどよい甘さと風味が生きている。焼きは、一つひとつ型で焼く一丁焼き。火の上に型をずらりと並べ、手慣れた職人3人が勘を交えて次々と焼いていく。焼くのは1日2000個ほど。手焼きの限界の数だという。すべて1日で売り切れてし

ラードと揚げ玉を使った焼きそばも人気

しっぽまで餡だらけ
薄皮の元祖鯛焼き

冷めた鯛焼きのほうが好きだというご主人の神戸将守さん

店内は昔の食堂風

まう。皮はカリッとしていて香ばしく、餡はしっぽまでびっしりと詰まっている。味をより引き立てるため、皮には中力粉に近い薄力粉を使用。皮は薄く、中の餡が透けて見えるほどだ。1個でも1～2時間待たされることも多いから、電話で注文したほうがいい。

店は古びた昔風の木造。黒光りする梁、木のテーブルやイス。入口付近には囲炉裏のテーブルもあり、店内で焼きたてを食べるのもいい。ほかに焼きそばなどもみやげにできる。

お品書き

鯛焼き1個……………………180円
※希望の数でみやげ可能
焼きそば………………………500円

浪花家 総本店

☎03(3583)4975
港区麻布十番1-8-14
地下鉄麻布十番駅から徒歩2分
営業時間　11時～19時
定休日　火曜・第3水曜
駐車場　なし
地方発送　不可

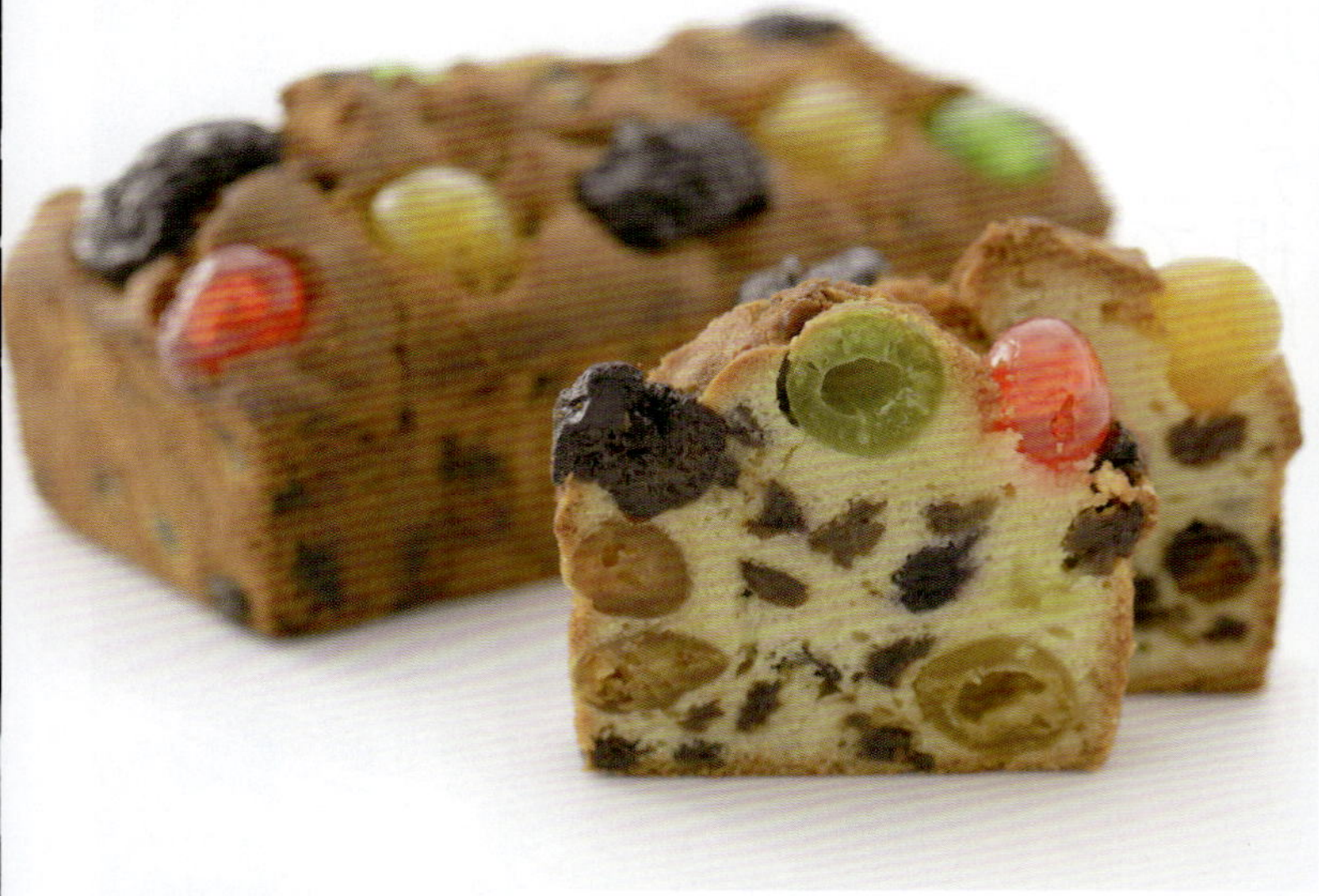

約 10 種類のラム酒漬けの果物がカラフルなフルーツケーキ

ルコントの
フルーツケーキ

１９６８年、パティシエのアンドレ・ルコントが創業した、日本で初めてのフランス人によるフランス菓子の専門店。創業以来〝万事フランス流に……〟を基本姿勢にした本場の味が支持され、各国大使館や政府省庁などにも根強い人気を得てきた。

　１９７８年には本店を六本木から青山に移し若い女性たちの人気を集めたが、２０１０年、その歴史にいったん幕を下ろす。しかし、２０１３年、根強いファンの思いに応える形で、新生ルコントが広尾に誕生した。

地下 1 階には広い喫茶室サロン・ド・テも

ラム酒をたっぷり使った
芳醇な味わいのフルーツケーキ

常に焼きたてのおいしさで喜ばれてきたフルーツケーキの味は、創業当時とほとんど変わらない。クランベリー、プラム、アプリコット、レーズン、グリオットチェリーなど、ラム酒に漬け込んだ約10種類の果物を贅沢に使い、生地にもラム酒がたっぷり。包装を解くと、芳醇な香りに鼻腔がくすぐられる。

上質のグリエールチーズをふんだんに使ったサブレフロマージュも人気がある。白ごまと黒ごまをかけたルコント唯一の塩味の菓子で、酒のつまみにもよく合う。ほか、明るい店内には常時10～15種類ほどの洋菓子が並んでいる。

日本酒にも合うサブレフロマージュ

お品書き

フルーツケーキ1本 …………	2,600円
フルーツケーキ8枚入り ………	2,600円
サブレフロマージュ…………	1,300円

ルコント 広尾本店

☎03(3447)7600

港区南麻布5-16-13

地下鉄広尾駅 1番出口から徒歩2分

営業時間　9時～19時(土・日曜、祝日は、パティスリー9時～、サロン・ド・テ10時30分～)

定休日　不定休

駐車場　なし

地方発送　可能(一部不可)

ショーケースにはしゃれた生ケーキが並ぶ

ほどよい焼き加減でさくさくとした食感が特徴のアーモンドパイ

東京フロインドリーブの
アーモンドパイ

昭和50年代に放映されたＮＨＫ朝の連続テレビ小説『風見鶏』は、パン店を中心とした物語。その主人公、ブルック・マイヤーのモデルになったのが、ドイツ人のパン職人フロインドリーブさんだ。名前をそのまま店名にしたフロインドリーブを大正13年（１９２４）、神戸の三宮《さんのみや》で創業した。

　姉妹店である東京フロインドリーブの開店は昭和45年（１９７０）。ご主人の福井貞夫さんはパン職人にあこがれ、大学卒業後に８年間神戸のフロインドリーブで修業した後、東京に戻り独立した。

みやげにはホールで買いたい

ドイツの味が詰まったアーモンドパイ

店内にはたくさんのパンのほか焼き菓子やケーキなども並ぶ

パン作りのベテラン、ご主人の福井貞夫さん

ドイツコッペ

ドイツに昔から伝わる製法で焼くアーモンドパイは、スライスしたカリフォルニア産のアーモンドをたっぷりと使った福井さんの自信作。厚さは5ミリほどでさくさくと歯ざわりがよく、塩味のパイ生地にアーモンドの旨みがからまった独特の風味が素晴らしい。甘さも控えめだ。深夜の3時から仕込みを始め、焼き上がるのは11時頃。素材にもこだわり、特にバターは脂肪分、たんぱく質の量などを指定した特注品。保存料などの添加物は一切使用していない。

お品書き

アーモンドパイ1切れ	440円
アーモンドパイホール小	1,800円
アーモンドパイホール大	3,600円
ドイツコッペ1本	600円

東京フロインドリーブ

☎03(3473)2563

渋谷区広尾5-1-23

地下鉄広尾駅から徒歩3分

営業時間　10時～19時(日曜、祝日は～18時)

定休日　水曜・第4木曜

駐車場　なし

地方発送　可能

- 新宿中村屋／黒かりんとう
- 花園万頭／花園万頭
- 追分だんご本舗／追分だんご
- 大角玉屋／いちご豆大福
- 錦松梅／錦松梅
- わかば／鯛焼き
- 五十鈴／甘露あまなっと
- 紀の善／甘味
- いいだばし萬年堂／御目出糖

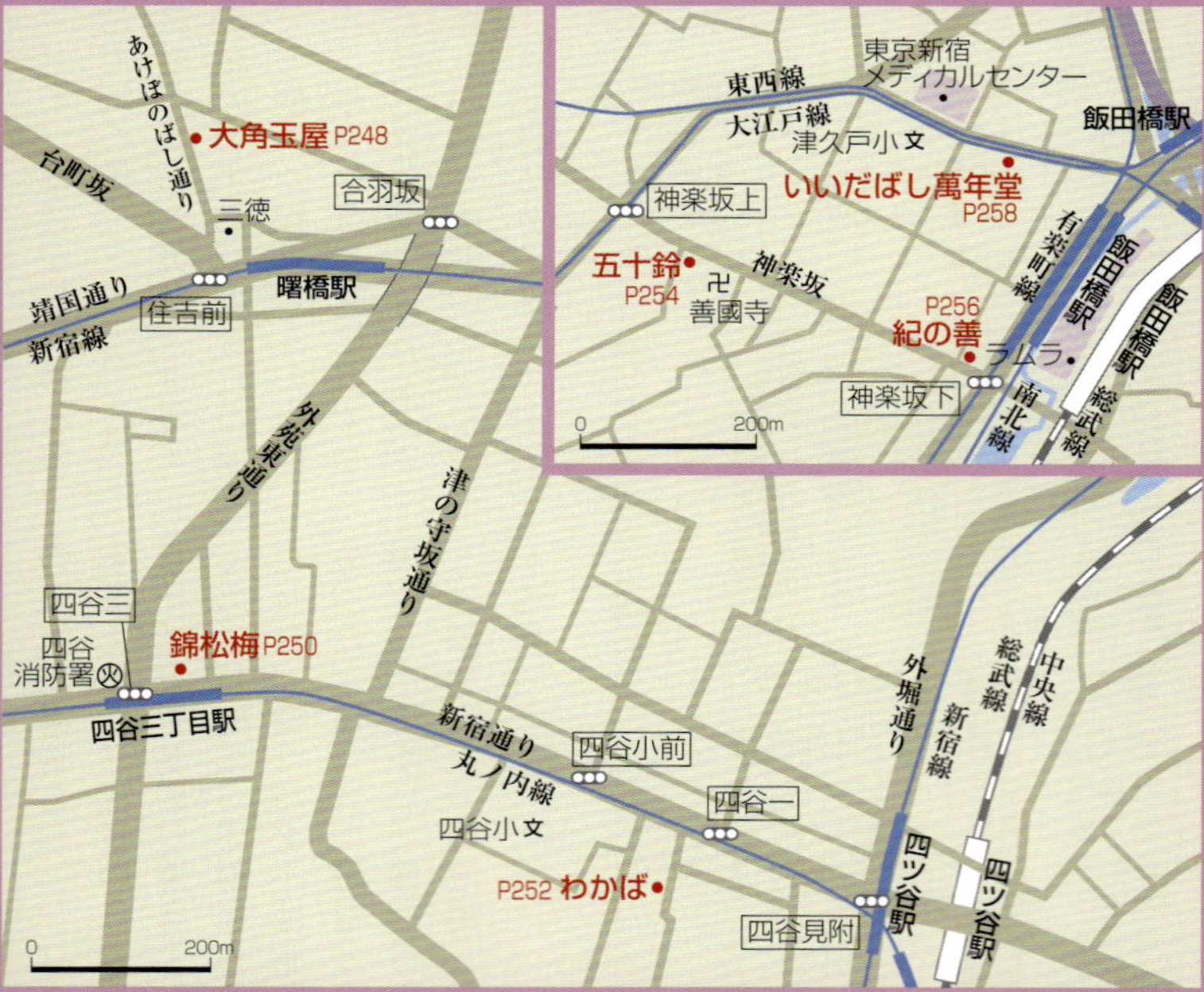

新宿・神楽坂界隈

SHINJUKU・KAGURAZAKA

伝統の味を守り続ける黒かりんとう

新宿中村屋の
黒かりんとう

かりんとうの起源は平安時代。遣唐使によってもたらされた揚げ菓子が発達したものといわれ、天保年間（１８３０～４４）には江戸深川六間堀《ろっけんぼり》の山口屋吉兵衛が売り出して、爆発的に流行したという。

新宿中村屋がかりんとう販売を始めたのは大正８年（１９１９）頃。パン職人の中谷広門が、創業者の相馬愛蔵に「日本一のかりんとうを作りたい」と申し出たことによる。

小麦粉を練った生地を油で揚げ、黒砂糖をまぶしただけの硬くて油っぽい従来のものに比べ、中谷の作ったかりんとうは柔らかく、しかもサクサクの歯ごたえ。

こちらも伝統の月餅

インドカリーのほかビーフカリーもある

看板商品のかりんとうは
一職人の意気込みから生まれた

それが評判を呼び看板商品として定着した。黒糖の風味とコクが生きた黒かりんとうがそれである。

　中村屋のもう一つの金看板といえば、昭和初期発売の純印度式カリー。伝統の技術を生かしたその缶入りやレトルト製品も好評。また、小豆餡、木の実餡の2つがある月餅も、欠かせない伝統の味として知られる。

お品書き

黒かりんとう1袋	300円
黒かりんとう缶入り	1,000円
カリー箱入り	400円〜
カリー缶入り	600円〜
月餅1個	140円
月餅8個入り	1,180円

スイーツ＆デリカ **Bonna 新宿中村屋**

☎03(5362)7507

新宿区新宿3-26-13
JR 新宿駅から徒歩1分
営業時間　10時〜20時30分
定休日　元日
駐車場　なし
地方発送　可能

花園万頭は柔らかな皮と餡が一つに溶けあうまんじゅうの傑作

花園万頭《はなぞのまんじゅう》の
花園万頭

すべて手作業で作られる花園万頭は「日本一高い、日本一うまい」がキャッチフレーズ。粒選《つぶよ》りの北海道産エリモ小豆と上質なざらめ、香川県産和三盆糖で作るあっさりと上品な餡を、大和芋と小麦粉を秘伝の配合で混ぜた生地でくるんで蒸して、冷ましたら出来上がり。

一つひとつ竹の皮でくるんだひと口サイズで食べやすく、皮も餡もさっぱりと溶けて軽やかな舌ざわりだ。

ぬれ甘なつとは、北海道産大納言小豆を秘伝の蜜で数日間じっくり煮込んだ逸品。皮をぴんと張ったつやつやの小豆は深々と芯まで甘く、ひと粒ひと粒がさっくりと歯切れがいい。商品名は、月形半平太の名調子「春雨じゃ、濡れて行こう」の粋な情緒から考案されたとか。歴史ある店ならではの逸話といえるだろう。

花園万頭の創業者は、天保5年(1834)に金沢で開業した石川屋本舗の3代

天井の高い店内は解放感いっぱい

店内にはしゃれたカフェも

見た目も美しい、ぬれ甘なつと

目・石川弥一郎。弥一郎は明治39年（1906）東京に進出し、昭和5年（1930）に、かつて加賀前田家の御用地であった現在地に移転した。店名と商品名は、店のすぐ前に鎮座する花園神社にちなむ。

餡も皮も最高級素材の日本一高価なひと口饅頭

お品書き

花園万頭1個	350円
花園万頭6個入り	2,300円～
ぬれ甘なつと小箱（100g）	500円～
ぬれ甘なつとお手玉（36g）	200円～
花園羊羹（本煉、栗、抹茶）1本	200円～

花園万頭

☎03(3352)4651

新宿区新宿5-16-11

地下鉄新宿三丁目駅から徒歩2分

営業時間　10時～19時

定休日　なし

駐車場　なし

地方発送　可能

左からよもぎ（粒あん）、こしあん、みたらし

追分《おいわけ》だんご本舗の

追分だんご

康正元年（１４５５）、太田道灌《どうかん》が鷹狩の際、土着の名族からだんごが献上された。それを食べた道灌は、滋味であると賞賛した。後に名族は、そのだんごを道灌だんごと名付けて高井戸で茶店を開いたところ、大いに繁盛したという。元禄年間（１６８８～１７０４）に新宿が宿駅となり、それに伴い茶店も新宿に移転した。道灌だんごはここでも行き交う旅人に親しまれ、茶店が追分にあったことから、いつの頃からか追分だんごと呼ばれるようになったという。これが、追分だんごの由緒だ。

昭和23年（１９４８）に開業した追分だんご本舗は、この追分だんごの歴史を受け継ぐ新宿の名店。こだわり抜いた素材を使い、早朝からその日に売るだんごを仕込む。食べ飽きない甘さが、追分だんごの人気の秘密。定番のみたらし、よもぎ、こしあんのほか季節限定を含め約20種類があり、買っ

江戸時代から旅人に好まれた新宿名物の茶店のだんご

ケースには追分だんごのほかいろいろな和菓子が並ぶ

売店の奥にある喫茶スペース

たその日が賞味期限。

北海道産の赤えんどう豆がたっぷり入った手作り豆大福も人気がある。山形産の上等なもち米を用い、甘さを抑えた餡が上品だ。売店の奥には喫茶スペースがあり、かつての茶店の雰囲気にひたりながら追分だんごが食べられる。

甘さを控えた手作り豆大福

お品書き

みたらしだんご、よもぎだんご、こしあんだんご各1串 …………………183円
手作り豆大福1個 ………………194円
※ともに希望の数でみやげ可能

追分だんご本舗

☎03(3351)0101
新宿区新宿3-1-22
地下鉄新宿三丁目駅からすぐ
営業時間　10時～20時30分
定休日　1月1日・2日
駐車場　なし
地方発送　不可

ミスマッチにしてナイスなコラボレーション、いちご豆大福

大角玉屋《おおすみたまや》の いちご豆大福

　創業の頃から、界隈では豆大福で知られた和菓子店。研究熱心な3代目現当主・大角和平さんが、あるとき思いついて自慢の豆大福にイチゴを入れてみたところ、甘い餡と甘酸っぱいイチゴの取り合わせが意外におもしろく「これなら」と商品化にふみきって、昭和60年（１９８５）に発売した。

　初日は30個売れ、翌日からは倍々で伸び、ラジオやテレビで紹介されるとさらに拍車がかかった。一日の売上は１００個、２００個と伸びつづけ、かくして新商品のいちご豆大福は、和菓子界空前の大ヒットとなった。現在でも人気は衰えることなく、またその亜種・変種は全国至るところにはびこっている。

　和菓子には長い歴史と伝統がある。しかし大角さんは必ずしもその枠にとらわれず、いちご豆大福のほかにも、ひと工夫加えた新しい和菓子に挑戦している。たとえば、味に奥行きを出

空前の大ヒットの生みの親は日々の研究と一瞬のひらめき

バラの香りが上品なローズの和菓子。パッケージもはんなりとおしゃれ

自慢の創作和菓子ほか、むろん伝統の和菓子も揃う

すためにリキュールを使ったり、あるいはバターを積極的に取り入れるなど、常に時代に合った最先端の味覚の研究を怠らない。こうして生まれたのが、いちご生クリームどらやきやブランデーどらやきなどのユニークな和菓子だ。

最近のヒットは、かのクレオパトラが愛した野生のバラ・ダマスクローズを使った、その名もローズの和菓子。花びらを求肥《ぎゅうひ》に練り込んだもの、花びら入りの餡の大福など3種類があり、いずれもバラの花の香り高く、優雅だ。

お品書き

いちご豆大福1個	249円
いちご生クリームどらやき1個	249円
ローズの和菓子1個	249円
ローズの和菓子3個パック	1,047円

大角玉屋 本店

☎03(3351)7735
新宿区住吉町8-25
地下鉄曙橋駅 A2出口から徒歩2分
営業時間　9時～19時30分
定休日　無休
駐車場　なし
地方発送　可能(いちご豆大福は不可)

美しい器に入ったふりかけの高級品

錦松梅《きんしょうばい》の
錦松梅

創業者は、いつもご飯のおかずに食べていた削り鰹節を、なんとかもっとおいしく食べやすいものにしようと、鰹節を主原料に香り・風味・口当たりすべてにすぐれたふりかけを考案。これを華道家元だった妻の門弟の結婚式の引き出物にしたところ非常に喜ばれた。評判を聞きつけた百貨店からの依頼にこたえ、昭和7年（１９３２）に商品化。当時これと似たふりかけはなかったため、大変な人気を博したという。

鰹節に白胡麻・椎茸・きくらげ・松の実などを使ったふりかけはご飯やお茶漬け、おにぎりによく合う。納豆や冷奴、サラダなどにふりかけてもおいしい。

錦松梅といえば、贈答用の有田焼の器でも知られる。発売当初は小判型の曲げ物を用いていたが、もらったときに豪華で嬉しく、食べた後も長く利用できる器をとの考えから、商品化。以後、高級感のある贈答品として

贈り先に合わせて器を選べる味わい豊かな高級ふりかけ

有田焼や会津塗りと容器いろいろ。デザインは不定期に変わる

錦松梅の名を不動のものにした。

現在では、シンプルなデザインから絢爛豪華な器が揃うほか、会津塗や袋入りもある。

お品書き

袋入	500円～
有田焼容器2個入	2,500円～
会津塗容器2個入	2,000円～
小判型容器入	1,000円～

錦松梅

☎0120-03-4837

新宿区四谷3-7
地下鉄四谷三丁目駅4出口から徒歩1分
営業時間　9時～18時
定休日　元日
駐車場　なし
地方発送　可能

店頭には書の巨匠・金子鷗亭が揮毫した扁額が架かる

わかばの鯛焼きはやや角張っているのが特徴

わかばの
鯛焼き

店は新宿通りの四谷一丁目の信号を南へ入り、狭い路地を50メートルほど行った右側にある。小さいが茶屋風の趣ある造りで、店の周辺には新宿通りの喧騒も届かず横丁らしい雰囲気が漂っている。

かつて鯛焼きは、駄菓子店などで売られていた子どものおやつ。わかばも昭和28年（1953）の創業当時は駄菓子店だった。それが、いつの頃からか鯛焼きが有名になり、今では一日に夏は1000個余り、冬は2500個ほどを売るという。特に冬は行列ができるほどの人気ぶりだ。当主の小澤市明さんは子どもの頃から店を手伝ってきた3代目。自ら鯛焼きを焼く職人の一人。もちろん鯛焼きは店先で一つひとつ焼く手焼きだ。

しっぽの部分に「わかば」と印された焼き型は、画家の木村荘八の筆によるオリジナル。餡はほどよい甘さで、しっぽまでたっぷりと

駄菓子店の鯛焼きが有名になり今では一日2500個を売る

期間限定で販売されるみたらしだんごと餡だんご

入っていて鯛全体が餡だらけといった感じ。皮は1ミリもないほど薄い。

　店内では鯛焼きのほか、夏は氷あずきや宇治などのかき氷も食べられる。4月頃から10月末位までは、みたらしだんごと餡だんごも販売される。

風情ある店内

お品書き

鯛焼き1個・・・・・・・・・・・・・・・・・・・・・・・180円
鯛焼きファミリーパック10個入り
・・・・・・・・・・・・・・・・・・・・・・・・・・・1,860円
鯛焼き贈答用10個入り・・・・・・・・1,980円
だんご1串・・・・・・・・・・・・・・・・・・・各140円
※希望の数でみやげ可能

わかば

☎03(3351)4396

新宿区若葉1-10
JR四ツ谷駅から徒歩5分

営業時間　9時〜19時(土曜は〜18時30分、祝日は〜18時)
定休日　日曜
駐車場　なし
地方発送　不可

甘露あまなっと。この艶にも先代の工夫がある

五十鈴《いすず》の甘露《かんろ》あまなっと

五十鈴は、なにがなし華やいだたたずまいの神楽坂の坂の上にある、昭和21年（1946）創業の店。「自分が納得のいくものだけをお客さまに出したい」との先代の思いを守り、今でも選び抜いた材料を使って、どの菓子もていねいに手作りしている。

甘露あまなっとは、先代が完成までに1年ほどかけて作った自慢の一品。最上級の北海道産大納言小豆を使い、煮加減や煮る時間に独自の工夫を凝らして炊いた甘納豆は、皮をしっかり残して煮くずれもしていないのに、食感がしっとりとやわらかいのが特徴だ。薄紫の色合いも美しく、ひと粒口に含めば、極上の大納言小豆ならではの上品な味が広がる。

何種類かの餡を用いた手の込んだ菓子もある。華車は大納言小豆とユズ、栗と3種類の餡を各パートに分けて包んだ大きな最中。甘さを適度に控えたことで、

大納言小豆のよさを生かした つやつやと色よく輝く甘納豆

3色の餡を同時に楽しめる華車。食べごたえ十分の大きさだ

広い店。近くの毘沙門さま（善国寺）参りの行き帰りに立ち寄る客も多い

3種の餡それぞれの味が生きている。

3つの餡を1種類ずつ別別に詰めた、小ぶりなすずもなかもある。

今でこそ羊羹といえば、寒天を使った練り羊羹が主流だが、江戸時代までは蒸し羊羹のことだった。五十鈴では現在も9月～12月限定で、新栗を使った昔ながらの栗蒸し羊羹を作っており、秋を心待ちにしている固定ファンも多い。

むろん極上の大納言小豆と、吟味した国産栗をぜいたくに使った定番の練り羊羹・栗羊羹も人気だ。

お品書き

甘露あまなっと1箱	1,080円
華車4個（箱入り）	1,494円
すずもなか6個（箱入り）	1,494円
栗羊羹1本	3,564円
栗蒸し羊羹1本（箱なし）	1,878円

五十鈴

☎03（3269）0081

新宿区神楽坂5-34

ＪＲ飯田橋駅または地下鉄神楽坂駅から徒歩4～5分、同牛込神楽坂駅A3出口から徒歩2分

営業時間　9時～19時30分

定休日　日曜、祝日（その他不定休あり）

駐車場　なし

地方発送　可能

テイクアウト用のカップ入り。あんみつ（左奥）、冷やししるこ（手前）と抹茶ババロア

紀《き》の善《ぜん》の
甘味

和菓子作りの基本中の基本「材料を吟味して、ていねいに手作りすること」を一番大切にしている、と女将の冨田恵子さんはいう。丹波産の大納言小豆で作る餡は用途に合わせて数種類あり、どれも砂糖の量や炊き加減が申し分なく、小豆本来の風味を生かしたふっくらした炊き上がりと色・艶がすばらしい。

定番のあんみつは、昔ながらの味を保てるよう、餡をはじめ豆、寒天、蜜とすべて手作り。甘味はほかにもあん豆かん、白玉あんみつ、栗あんみつ、田舎しるこなど品数豊富だ。カップ入りのテイクアウト用は、夏は5～6種類、冬は8種類ほどが揃う。

十数年前に考案された「新」商品が、初登場以来衰えぬ人気の抹茶ババロア。甘さを抑えて抹茶そのものの味を生かしたババロアは、添えられた餡と生クリームと一緒にいただけば、それぞれが味を引き立てあって

東京を代表する甘味の名店
定番のほか抹茶菓子も魅力

餡と生クリームを添えた抹茶ババロア。滑らかな口どけがおいしい

いっそうおいしい。

訪れる客の8割は女性。神楽坂という土地柄か、何かの稽古帰りらしい和装の女性も目について、店に華やぎを添えている。ちらほら見える男性客には、餡の味に魅せられた根強い固定ファンもいるという。

店内はモダンな造り。2階には座敷がある

お品書き

あんみつ1カップ	496円
抹茶ババロア1カップ	658円
田舎しるこ1カップ	594円
喫茶・抹茶ババロア	874円

紀の善

☎03(3269)2920

新宿区神楽坂1-12

ＪＲ飯田橋駅西口から徒歩1分

営業時間　11時～19時30分 L.O（日曜、祝日は11時30分～17時 L.O）

定休日　月曜

駐車場　なし

地方発送　不可

御目出糖は結婚式の引き出物や各種祝いごとに人気

いいだばし萬年堂《まんねんどう》の 御《お》目《め》出《で》糖《とう》

元和元年（1615）京都三条寺町に創業。明治5年（1872）、9代目のとき東京銀座に移転し、以来京菓子を中心とした和菓子の老舗として、萬年堂はその名を馳せている。いいだばし萬年堂の当主・樋口悠治さんは、銀座萬年堂の12代目にあたる故樋口登喜雄さんの弟。18歳のときから約35年間、兄の片腕として銀座萬年堂で菓子づくりに励み、平成5年に独立した。

一見赤飯に似た御目出糖は、元禄の頃から続く家伝の銘菓。こし餡に3種類の米粉と上白糖を混ぜて練り、篩《ふるい》を使ってそぼろ状にした

抹茶の香り豊かな茶の香糖

赤飯に似た御目出糖は元禄の頃からの銘菓

萬年堂の味を守り続ける樋口悠治さん

店内は小ぢんまりしている

生地の上に、蜜漬けの大納言小豆を均等に散らして強い蒸気で蒸し上げる。ほどよい甘さともっちりした舌ざわりが独特で、その名前から祝いごとに喜ばれている。

　御目出糖と同じ製法で作られるのが茶の香糖。抹茶を混ぜた白餡を使い、その見た目の色合いから、かつては不祝儀用として利用された。近年はお茶が身体にいいといわれるようになったことから、贈答用として人気が出てきた。四季折々の上生菓子も樋口さんの得意分野だ。

お品書き

御目出糖1個	260円
御目出糖10個入り	2,834円

※茶の香糖も同じ

いいだばし萬年堂

☎03(3266)0544

新宿区揚場町2-19

JR飯田橋駅から徒歩2分

営業時間　10時～19時(土曜は～17時)

定休日　日曜、祝日(彼岸の中日、3月3日、5月5日は営業)

駐車場　なし

地方発送　可能(一部不可)

- ラベイユ／はちみつ
- 喜田屋／むらさき大福
- とらや椿山／大栗まんじゅう
- 薬師但馬屋／豆菓子
- 亀屋／やくし最中
- 武州庵いぐち／むさし野の関所最中
- 湖月庵 芳徳／舞扇
- ひと本 石田屋／栗饅頭

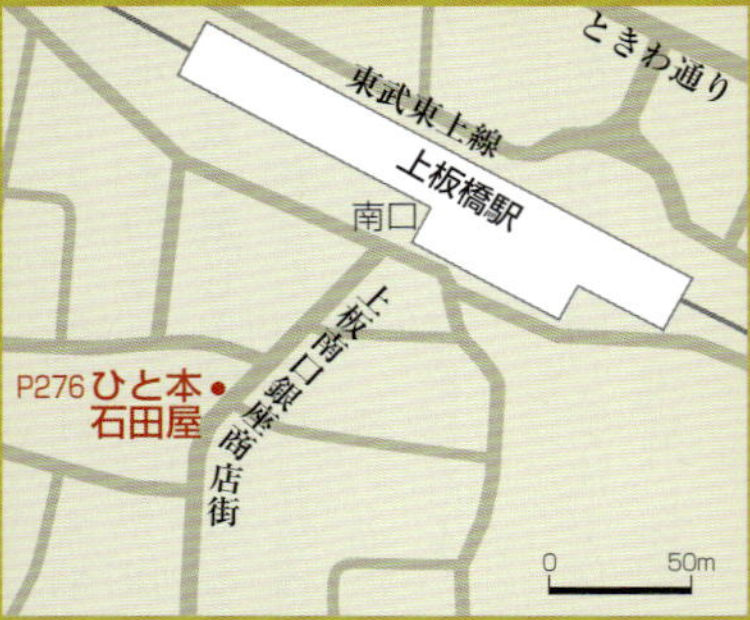

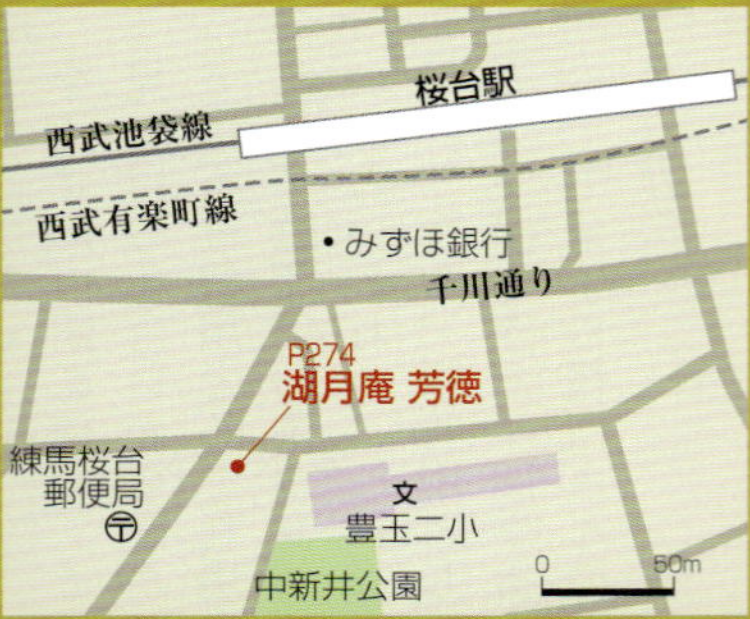

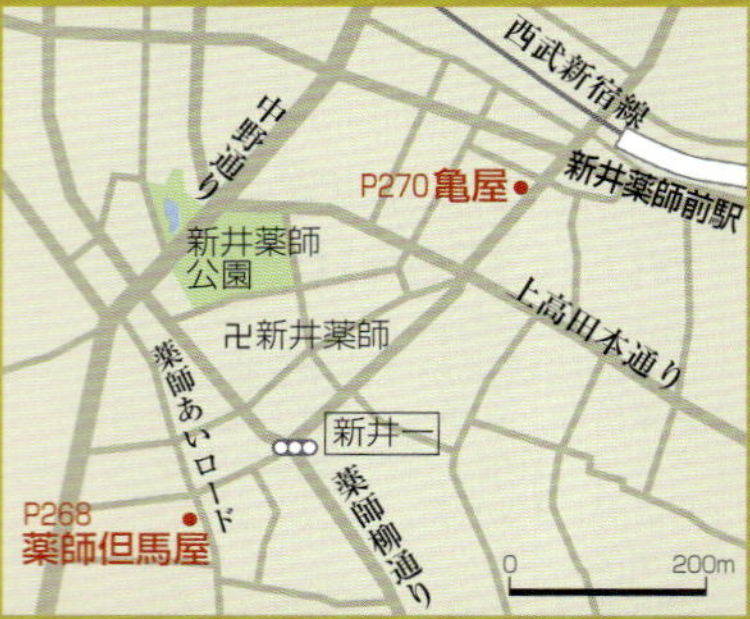

中央線・西武線・東武線界隈

CHUO-SEN・SEIBU-SEN・TOBU-SEN

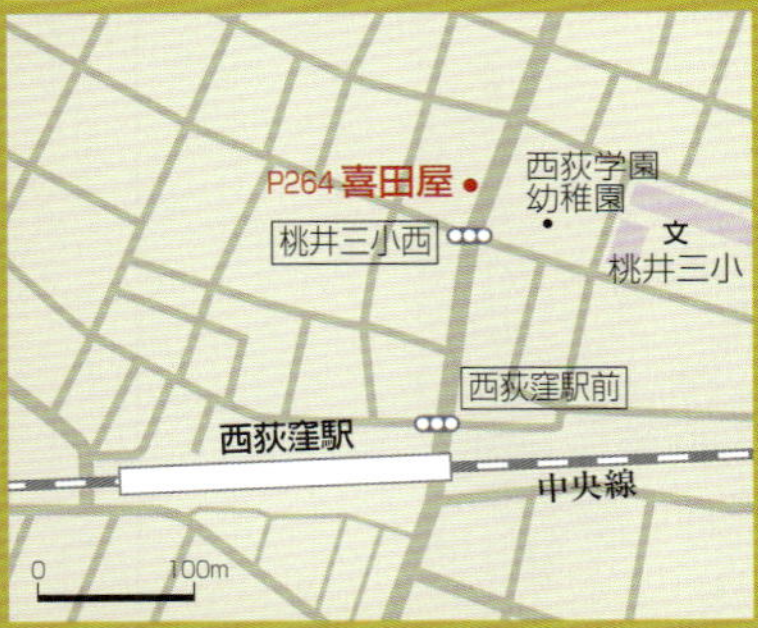

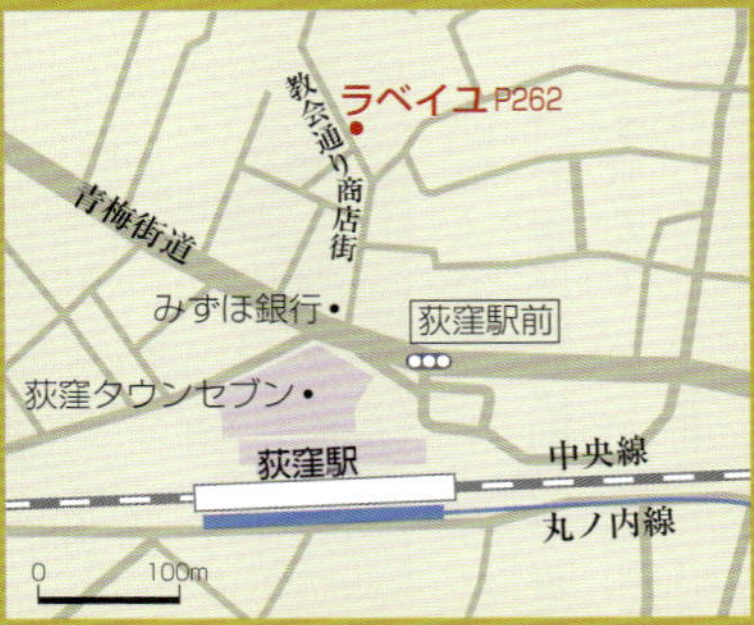

好みのはちみつを専用のギフトボックスに詰めてもらえる（有料）

ラベイユの
はちみつ

JR荻窪《おぎくぼ》駅北口、青梅《おうめ》街道に面して建つみずほ銀行の角を北へ曲がると、狭い路地の両側に雑多な商店が軒を並べる教会通りに入る。ラベイユは、この通りの一角にあるはちみつ専門店。小ぢんまりした店内に所狭しと並ぶはちみつは、日本を含め世界10カ国、約80種類が揃う。はちみつはみな、2代目の白仁田雄二さんが自ら世界中を飛び回り、養蜂家から直接買い付けたものばかり。

コットン製のギフト巾着にも入れてくれる（有料）

創業は平成13年。もともとは愛媛県の弓削島《ゆげじま》で養蜂業を営んでいたが、昭和44年（1969）に東京に出て

テイスティングコーナーがある 世界のはちみつが揃う専門店

たくさんのはちみつは、味見してから買おう

きてはちみつ小売業の田頭養蜂場を設立。今でも東京の西部で養蜂業を行い、毎年店舗で販売している。

はちみつはビフィズス菌を育て腸を活性化する働きがあるほか、のどにもいい。ラベイユの馴染客には有名な歌手も多い。また、はちみつに含まれているミュータント菌が虫歯菌を抑制するため、虫歯予防にも効果があるという。店内には、すべてのはちみつの味見ができるテイスティングコーナーが設けられ、好みの味が探せる。13種類は量り売りもしてくれる。

お品書き

はちみつ1瓶125ｇ入り ········ 800円～
はちみつ1瓶250ｇ入り ······ 1,500円～
はちみつ1瓶1kg 入り ········ 5,700円～

ラベイユ荻窪本店

☎03(3398)1778
杉並区天沼3-27-9
JR 荻窪駅から徒歩3分
営業時間　10時～19時
定休日　年末年始
駐車場　なし
地方発送　可能

むらさき大福は栄養満点の黒米を使った健康食品

喜田屋《きたや》のむらさき大福

むらさき大福はもち米の代わりに黒米で餅を作り、さらにその餅にトレハロース（骨粗鬆症《こつそしょうしょう》予防に効果があるとされ、別称を「夢の糖質」という）を加えてあるのが最大の特徴だ。たっぷりのつぶ餡は甘さ控えめだから、餅の黒米独特の風味をしっかり楽しめる。

５０００年ほど前にインダス川流域に広く分布し、古代米とも呼ばれる黒米の現在の主産地は、中国陝西《シャンシー》省南部。中国では古くから歴代の皇帝への献納品とされ、日本でも明治天皇即位の際に献上されたという。

黒米には多量のビタミンとミネラルが含まれ、消化器系の弱い人の栄養補給に適している。豊富な食物繊

黒米の風味と効能がそっくりそのまま生きている

赤エンドウ豆がたっぷり入った豆大福も人気

ご主人の上北昭一さんと奥さんの洋子さん

維は内臓の働きを強化し、血行をよくする。肥満やストレスの解消、疲労回復にも効果があり、血中コレステロールの減少や動脈硬化などの成人病も予防する、すぐれた健康食品だ。賞味期限は３日間だが、冷凍保存もできる。

一番人気の赤エンドウ豆たっぷりの豆大福は、原料に限りがあるため、一日に１５０～４００個ほどしか作らないから、15時前後に売り切れてしまうことも。保存料はいっさい使っておらず、賞味期限は本日中。電話予約が確実だ。

お品書き

むらさき大福1個	150円
豆大福1個	140円

喜田屋

☎03(3390)8903

杉並区西荻北3-31-15
ＪＲ西荻窪駅北口から徒歩3分

営業時間　9時30分～19時
定休日　毎週月曜と月2回火曜
駐車場　なし
地方発送　不可

形も栗に似せた大栗まんじゅう

とらや椿山《ちんざん》の
大栗《おおぐり》まんじゅう

　ＪＲ阿佐ケ谷《あさがや》駅南口を出ると、目の前には美しいケヤキ並木の道が延びる。大正14年（１９２５）、とらや椿山はその阿佐ケ谷駅南口近くに開業し、当初は「とらや」とだけ名乗っていた。大正末期、阿佐谷《あさがや》はまだまだ田舎。それが戦後の急成長期を経てやがて今日の姿に落ち着くまで、とらや椿山はこの町の歴史とともに歩んできた。店舗が南口駅前のアーケード街・パールセンターに移転したのちも、阿佐谷を代表する老舗として地元の人々に親しまれている。

　自慢の大栗まんじゅうは、名前どおり普通サイズの３～４倍はありそうな、大きな大きな栗饅頭。形も栗を模してあり、白餡にくるまった、丸ごと1個の大粒の栗が入っている。甘さひかえめのしっとりとした味に固定ファンが多く、一人で1個ペロリと食べてしまう常連客もいるとか。わざわざ遠方から買いにくる客も

大きな栗饅頭の中に大きな栗が丸ごとひと粒

売店の奥はくずきりやおしるこがいただける喫茶室になっている

少なくない。

　黄身餡で蜜漬けの青梅をひと粒くるんだ桃山、阿佐谷の夏の風物詩「たなばた祭り」にちなんで祭り期間中の5日間のみ限定販売するたなぼた餅、創業以来の味を守るどら焼などにも熱烈なファンがいる。

口に入れるとさわやかな梅の香りが広がる桃山

お品書き

大栗まんじゅう1個	400円
桃山1個	230円
たなぼた餅1個	230円
どら焼1個	230円

とらや椿山

☎03(3314)1331

杉並区阿佐谷南1-33-5
ＪＲ阿佐ケ谷駅南口から徒歩5分

営業時間　9時30分～19時
定休日　無休
駐車場　なし
地方発送　可能

落花生は本場・千葉県八街産の大粒の豆だけを深煎りした人気商品

薬師《やくし》但馬屋《たじまや》の
豆菓子

薬師あいロード商店街は、新井薬師門前から緩やかにうねりつつ南へ延びる。「あい」は英語のEye、つまり目のこと。古くから治眼薬師とも呼ばれてきた新井薬師にあやかって、商店街の名前がつけられた。ちなみに新井薬師の縁日は毎月8の日。その日は割引をする店もあり、商店街はさらに活気づく。

但馬屋の豆菓子、とりわけ新井薬師の縁日のみに売られる赤えんどう豆が、手に入りづらいこともあって参詣客に人気がある。ただ茹でただけの豆だが、素材の風味を生かした薄い塩味

一度食べたらやめられない煎りそら豆

大正時代から豆ひと筋
豆はすべて店内で煎る

商品を入れた大きなザルを並べた店内

豆を煎る当主の飯田雄幸さん

店先から気軽に声がかかる庶民的な商店街

がおいしい。千葉県八街《やちまた》産の、選りすぐった大粒の豆だけを時間をかけて深煎りした落花生は、八街の人がわざわざ買いに来るほどという。堅い煎りそら豆は、お年寄りにも意外に好評だ。噛めば噛むほど味わい深く、ビールにも焼酎にも、日本酒にも合う。

豆はすべて店内で煎り、商品がなくなりかけると時間を問わずに煎る。その時間にぶつかれば量り売りで煎りたてを買える。普通は140〜280グラムの小袋入り。新井薬師の縁日には全商品に割引がある。

お品書き

赤えんどう豆1袋	310円
落花生1袋	700円
そら豆1袋	310円

薬師但馬屋

☎03(3386)2615
中野区新井1-30-9
西武新宿線新井薬師前駅から徒歩10分
営業時間　10時〜18時
定休日　日曜、不定休
駐車場　なし
地方発送　可能

全国菓子大博覧会で金賞を受賞したこともあるやくし最中

亀屋《かめや》のやくし最中

台東区浅草橋にある、創業寛政8年（1796）の亀屋が本家。暖簾分けされて昭和5年（1930）に創業したのがこの店だ。店内の壁には、ケヤキの一枚板に右書きで「龜屋」と彫られた看板がかかり、いかにも老舗の流れを汲む名店らしい風格が感じられる。

亀屋はさまざまな種類の和菓子を新井薬師に納めており、やくし最中もその縁から生まれた。こし餡、つぶし餡、栗餡と3種あって、小豆は北海道産大納言、栗は特に吟味した上質なものだけを使っている。小豆や栗に限らず材料はすべて国産にこだわり、初代以来の「素材を大切に自家生産する」というコンセプトは、現当主である2代目、そして2代目の片腕として活躍中の、将来の3代目である跡取り息子にもしっかり受け継がれている。

北海道産手亡豆《てぼうまめ》の白餡と大きめの栗が1粒入った栗まんじゅうも売れ筋だ。甘

どれもおいしい3種類の餡
新井薬師のご利益もあるか

店内の壁にかかる古い看板に風格がにじむ

さを控えた分、栗の香りとふくよかさが生きている。特に夏におすすめしたいのが、30分ほど杵で搗いた生麩にこし餡を包み、茹でて笹の葉にくるんだ麩まんじゅう。よく冷やして食べると、香りも味も一段と際立つ。

栗1粒を使った栗まんじゅう

お品書き

やくし最中1個	165円
やくし最中6個入り	1,200円
栗まんじゅう1個	245円
栗まんじゅう6個入り	1,680円
麩まんじゅう1個	165円

亀屋

☎03(3386)2229

中野区新井5-25-5
西武新宿線新井薬師前駅から徒歩2分

営業時間　10時〜19時
定休日　水曜、元旦
駐車場　なし
地方発送　可能

旅笠をかたどったむさし野の関所最中。３色の餡はお好みで

武《ぶ》州庵《しゅうあん》いぐちの

むさし野の関所最中

武州庵いぐちは創業60年余、西武新宿線武蔵関《むさしせき》駅南口前に店を構える。看板のむさし野の関所最中の名は、かつてこの地に関所が置かれていたことにちなむ。小倉、栗、抹茶と3色の餡があり、いずれも香り高く味わい豊かだ。もち米を選ぶことから始めてていねいに作る皮は香ばしく、それぞれの餡のおいしさをいっそう引き立てている。練馬区民の投票によって「ねりまの名品21」の一つに選定されているのもうなずける。

大納言小豆の餡で栗の粒を包み、さらに外側を半小《はんしょう》豆《ず》のそぼろでくるんだ武州大納言は、全国菓子大博覧会で会長賞を受賞した名品。黄身餡に刻んだ栗またはチョコレートを混ぜた和洋菓子・かんかんわらべは、子どもからお年寄りまで幅広い世代に受けている。ほかにも、リンゴ餡をチーズ風味の生地でくるんで焼いた花鼓、月餅風の翠蘭など生菓子、焼き菓子、季節菓子

若い兄弟が手を携えて作る
区の名品に選ばれた銘菓

かんかんわらべ（右）は、しっとりとした食感が老若男女を問わず人気

いずれも豊富に揃う。

創業者である先代は急逝したが、まだ若い井口博一さん・正健さん兄弟が店を継いだ。２人は伝統の味に新しい工夫を加えつつ「時代に流されずに本当の和菓子を提供したい」と亡き父が掲げた暖簾を守っている。

若い感性を生かした和菓子も考案したい、と井口さん兄弟

お品書き

むさし野の関所最中1個	160円
武州大納言1個	180円
かんかんわらべ1個	160円
花鼓1個	160円

武州庵いぐち

☎03（3920）1351

練馬区関町北1-23-10

西武新宿線武蔵関駅から徒歩1分

営業時間　8時30分～19時

定休日　火曜

駐車場　なし

地方発送　可能

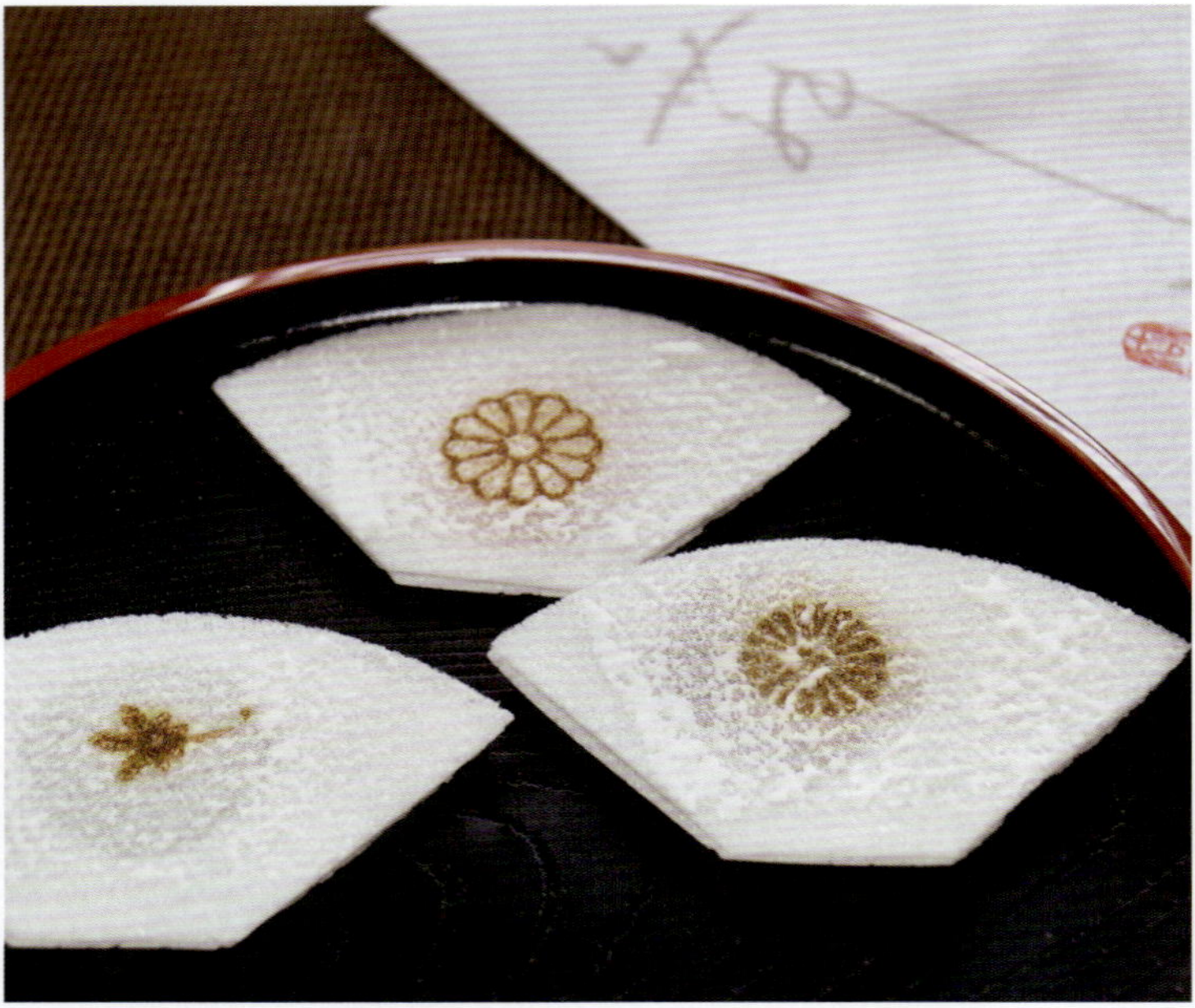

左から時計回りに大島餡の松葉、梅餡の菊、ユズ餡のモミジの３種類の舞扇

湖月庵《こげつあん》 芳徳《ほうとく》の

舞扇《まいおうぎ》

和菓子の卸からスタートし、小売業に転身したのは昭和29年（1954）。初代は日本中を飛び回っては各地で和菓子の作り方を指導する、腕のいい職人だったという。初代が考案した焼き菓子・せん川月は、今も店頭を飾っている。

手を出すのがためらわれるほど繊細な姿・形の舞扇は、そんな初代の血を引いた先代（2代目）のオリジナル。もち米の粉を練って厚めの鉄板で焦げないように焼いた、京種《きょうだね》あるいはそぎ種と呼ばれる薄い皮に特徴がある。すり蜜という砂糖をかけた、雅な扇形の皮には、中身の餡に合わせてこれも優雅な3種の焼き印が押されている。松葉の焼き印は小豆餡に黒糖を混ぜた大島餡、菊は白餡に梅を混ぜた梅餡、モミジはユズ餡。焼き印を押すことで、香ばしさがいっそう引き立つのだという。舞扇はその名前と形から、慶事に利用されることが多い。

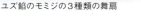

食べる前に、しばらくは見とれていたい優雅さ

さくら餅は希望の数でみやげにできる

さくら餅も名高い。北海道十勝産小豆の手作りの餡を薄い皮で包み、上下を2枚の桜葉で挟んでいる。葉をはずして、皮に残る桜葉の香りを楽しみたい。

先々代・先代の技と感性は、3代目の平井源太郎さんに受け継がれている。

お品書き

舞扇1枚	130円
舞扇8枚入り	1,200円
舞扇15枚入り	2,160円
さくら餅1個	170円
せん川月1個	150円

湖月庵 芳徳

☎03(3991)0955

練馬区豊玉上2-19-9

西武池袋線桜台駅南口から徒歩3分

営業時間　9時30分～19時

定休日　日曜

駐車場　なし

地方発送　可能

端正な造りの店内

薄い皮の中に大きめの栗と白餡がたっぷり入っている

ひと本《もと》石田屋の

栗饅頭《くりまんじゅう》

　東武東上線上板橋《かみいたばし》駅の南側に広がる南口銀座商店街にある、ファンの多い和洋菓子の店。特に栗饅頭は行列ができるほどの人気商品で、1日最高1万8000個余りを売ったこともあるという。さすがにこの日は朝から晩まで栗饅頭のみを作っていたそうだ。

　餡は厳選した白いんげん豆から作る白餡。丸ごと入れた栗もかなり大きめだ。一般的に栗饅頭は表面に卵黄を塗ってから焼くが、石田屋では焼いた後、表面に羊羹を付けて仕上げる。このアイデアは初代の石田孝吉さんが考え出したものだ。薄い皮はしっとりしていて食べやすく、のどごしもいい。また、甘さもしつこくない。添加物は一切使用していないので、その日の早朝から作り、日持ちは5日間。

　石田屋の創業は昭和25年（1950）。屋号の「ひと本」は、初代が修業した駒込にあった和菓子店の名にちな

一つひとつ手作業で羊羹を付けていく

店内はいつも賑わっている

バターの風味がいいバターまんじゅう

んで付けたという。地元では石田屋の名で親しまれている。

皮にたっぷりのフレッシュバターを使い、表面にメレンゲを塗って焼いた黄身餡のバターまんじゅうや、黄身餡の代わりにクリームチーズを入れたチーズまんじゅうも秀逸。

しっとりと柔らかい皮に羊羹を付けて仕上げる栗饅頭

お品書き

栗饅頭1個	160円
栗饅頭10個入り	1,750円
バターまんじゅう1個	120円
バターまんじゅう10個入り	1,350円

※ともに45個入りまである

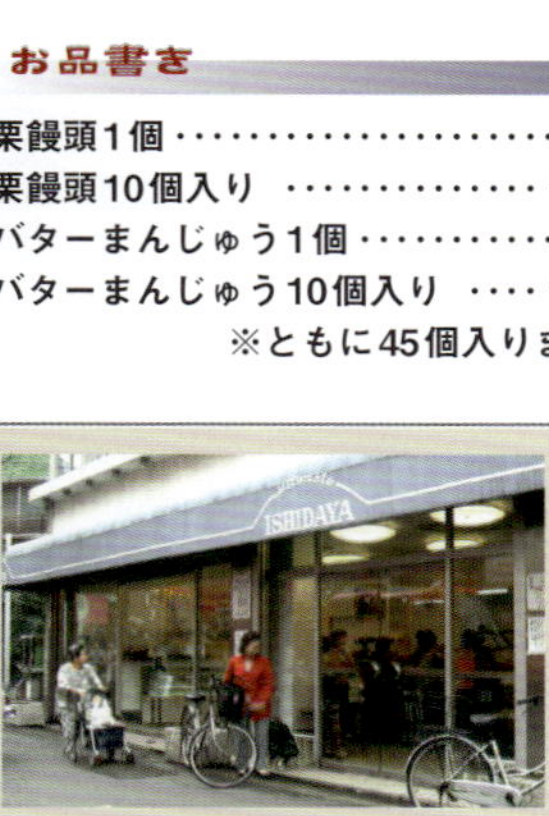

ひと本 石田屋

☎03(3933)3305

板橋区上板橋2-32-16

東武東上線上板橋駅から徒歩1分

営業時間　9時～17時30分

定休日　火曜

駐車場　3台

地方発送　不可

- ちもと／八雲もち
- つ久し／黒豆大福
- さか昭／どら焼き
- モンブラン／モンブラン
- パリセヴェイユ／フランス菓子
- 醍醐／大阪寿司
- レピドール／ポルボローネス
- オーボンヴュータン／ドゥミセック
- 木村家／品川餅
- 餅甚／あべ川餅

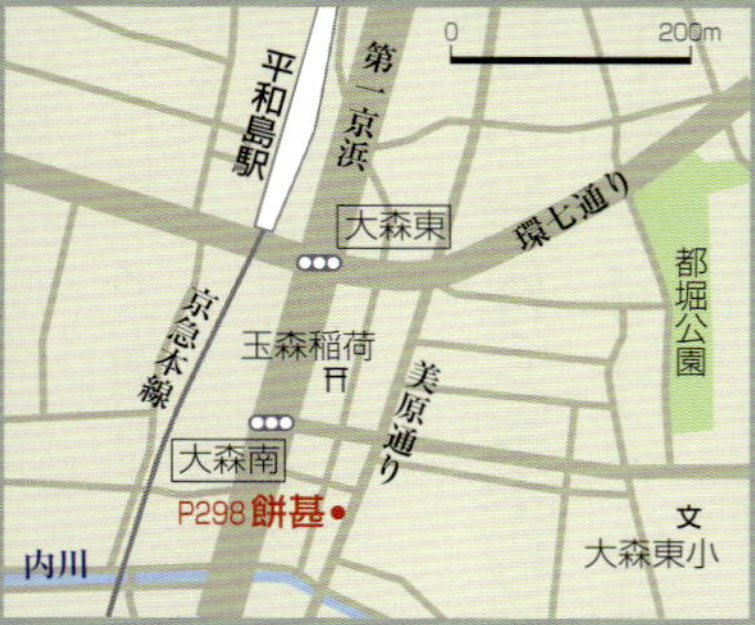

東急線・京急線界隈

TOKYU-SEN・KEIKYU-SEN

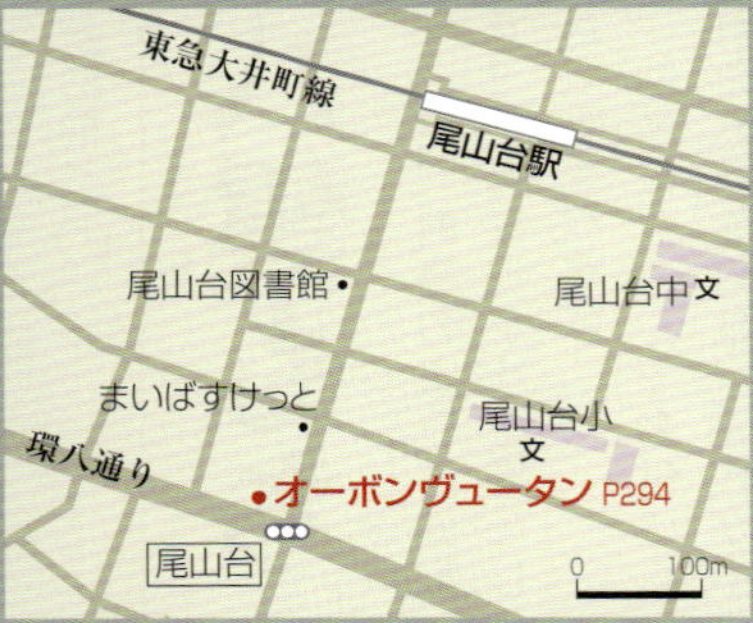

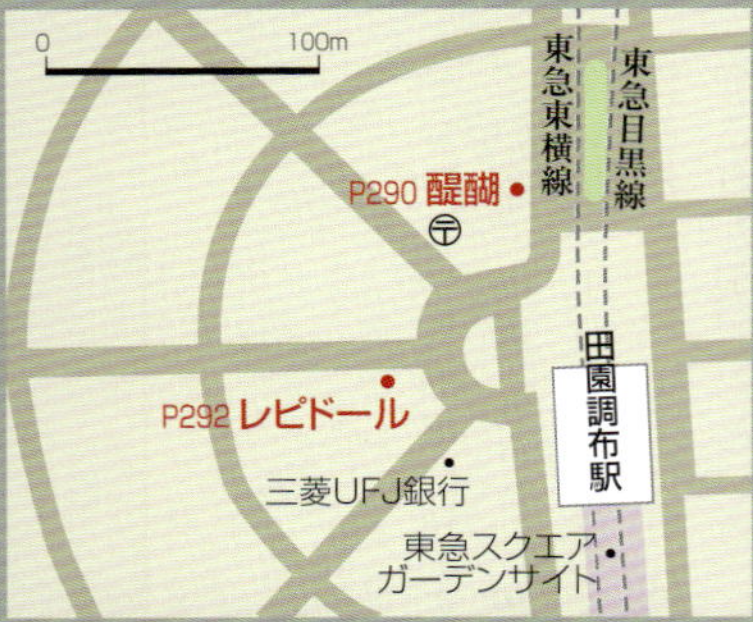

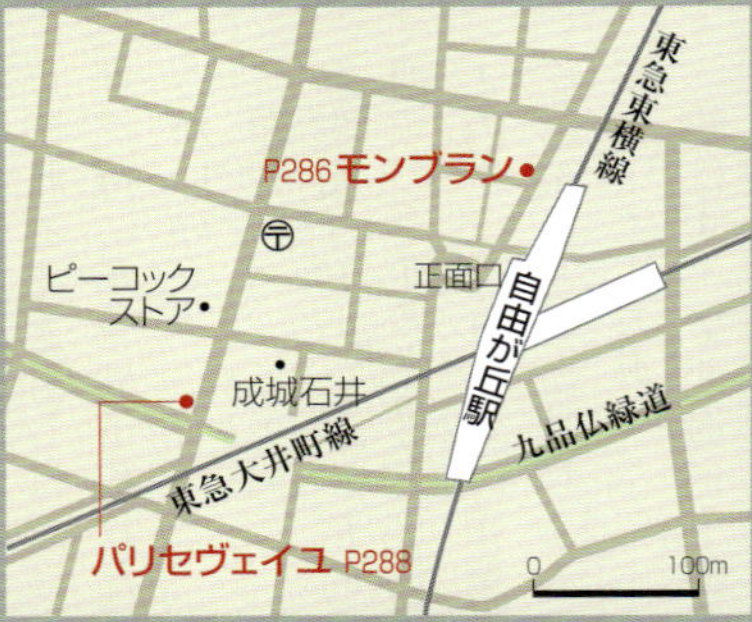

姿も形も中華ちまきに似た八雲もち

ちもとの
八雲《やぐも》もち

一見、料亭のような外観で、店内も明かりを落とした風雅な雰囲気。

地名にちなんで名付けられた八雲もちは、先代が中華料理を食べているときに思いついたもの。蒸したもち米に黒砂糖と上白糖を混ぜ、それに泡立てた寒天と卵白を加えた柔らかな求肥《ぎゅうひ》餅で、食感はマシュマロのよう。口の中でふわっと溶けていく甘さが心地よい。餅の中には砕いたカシューナッツも入っていて、餅は一つひとつ竹の皮に包まれている。一日約６００個、多い日で１０００個ほどを作るが、すべて手作りなのでこれが限界だという。売り切れることもしばしばあり、特に年末は予約したほうがいい。

草だんご、三冬《みふゆ》饅頭、千本饅頭などのほか、常時５種類の季節の生菓子も販売。店内には作りたての和菓子をお茶とともに味わえる喫茶コーナーもある。

餡はすべて北海道十勝産

竹の皮に包まれた八雲もちはとろけるような柔らかさ

十勝産の小豆を使ったコクのある餡がおいしい草だんご（手前）ほか

の小豆を使用。小豆を煮る場合、一般的には煮汁を捨ててしまうが、この店では捨てずに蒸発させ、さらに水を足しながら2時間余り炊き上げるのが特徴。こうすることにより、餡にコクが生まれ色もより濃くなるという。

装飾や照明の使い方も雰囲気のある店内

お品書き

八雲もち1個	180円
草だんご1串	150円
三冬饅頭1個	180円
千本饅頭1個	180円

※いずれも希望の数でみやげ可能

ちもと

☎03(3718)4643

目黒区八雲1-4-6

東急東横線都立大学駅から徒歩3分

営業時間　10時～18時

定休日　木曜

駐車場　なし

地方発送　可能（一部不可）

丹波産の大きな黒豆をふんだんに使った黒豆大福

つ久《く》しの 黒豆大福

明治44年（1911）にわずか12歳で満州（中国東北部）に渡った初代は、太平洋戦争終結後に帰国して、昭和24年（1949）につ久しを開いた。「大陸にいた当時、父はたくさんの人を雇って手広く商売をやっていたようですよ」と2代目の杉浦恒雄さん。初代の和菓子作りの技は2代目に受け継がれ、さらに恒雄さんの息子・秀和さんに伝授されている。

早朝5時ごろには作り始める黒豆大福は、丹波産の最高級の黒豆と北海道十勝産の小豆を使い、薄い塩味の黒豆と上品な甘さの餡との相性がぴったり。一日200個前後しか作らないため、午前中に売り切れて

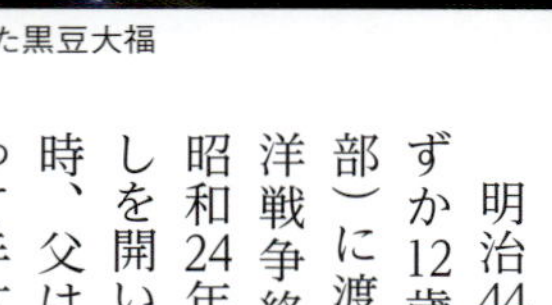

3代目の杉浦秀和さん夫妻

極上黒豆の塩味がきいた売り切れ御免の看板銘菓

梅の酸っぱさと餡の甘さがマッチしたあおうめ

しまうこともある。保存料や添加物は最低限の量にとどめ、買ったその日が賞味期限だ。

　煮た青梅をまるごと1個、求《ぎゅう》肥《ひ》でくるんだあおうめは、青梅の甘酸っぱさが求肥によく合う。ひと口サイズということもあって、ついつい2つ3つと手が伸びてしまう。ほかにも和糖入りの皮のどら焼、和三盆糖を使った蒸しカステラの和糖松風、最高級のもち米の赤飯など、店内には吟味した上質な素材で作られた商品が並ぶ。店は瓦屋根を載せた粋な和風の造り。

お品書き

黒豆大福1個	176円
あおうめ1個	167円
どら焼1個	176円
和糖松風1個	167円

※店頭では税込表示

つ久し

☎03(3724)0294

目黒区八雲4-5-6

東急東横線都立大学駅から徒歩7分

営業時間　8時30分～19時

定休日　火曜

駐車場　1台

地方発送　不可(一部可能)

縁結びのさくら道は、縁起のいい名前から祝いごとに人気

さか昭《あき》の
どら焼き

現当主・坂昭彦さんの両親が平成元年、目黒区大橋にさか昭を開業。その13年後の平成14年、現在地に2店舗目となる中町本店を開店。学芸大学駅から10分ほどののどかな商店街に位置し、地元の人々はじめ広く親しまれてきた。

　モットーは「やすらぎの和菓子」。豆の産地から吟味したこだわりの餡と、昔ながらの和菓子にもちょっとした遊び心を加えた創意工夫が持ち味。一番の目玉は、7種類が揃うどら焼きだ。餡に北海道産大納言小豆を使った定番のどら焼きをはじめ、多彩な蒸しどら焼きも好評。中でも「縁結びのさくら道」は、桜色の蒸しカステラに添えられた桜の花びらも愛らしく、祝いごとにも喜ばれている。3日間煮込んだ北海道産大正金時豆の餡も上品な味わいだ。同じく蒸しどら焼きの「スター★ファイブ」も自慢の一品。5粒のレーズンを散らし、レーズン入りシナモ

名前にも作り方にも 創意と工夫がいっぱい

お茶、クルミ、ゴマ、うぐいす黄な粉の４つの味がある中町だんご

ン餡もユニークで、カリフォルニアレーズン協会の賞を受賞している。

ご当地の名を冠した「中町だんご」は、求肥《ぎゅうひ》餅に4種の衣をからめた串団子。餡や黄な粉がもっちりした求肥によく合い、素朴なやさしい味が喜ばれている。

お品書き

どら焼き 各1個	230円
どら焼き 5個入り	1,320円
中町だんご	160円

さか昭

☎03(3716)2283

東京都目黒区中町1-37-13

東急東横線学芸大学駅から徒歩10分

営業時間　9時～19時

定休日　日曜

駐車場　なし

地方発送　可能

店を切り盛りする坂さんご夫婦

モンブランは今でも人気の高いケーキ

モンブランの
モンブラン

フランスとイタリアの国境にそびえるモンブランは、アルプス山脈の最高峰。店名は創業者の迫田千万億《ちまお》さんが昭和初期にシャモニーに旅行した際、この峰の美しさに魅了されたことに由来する。昭和8年（1933）の創業で、現在は3代目だ。

店名と同じ名のモンブランは、迫田さんが当時、シャモニーのホテルモンブランで味わったデザートを参考に、日本風にアレンジした歴史の長いケーキ。黄色いマロンクリームはアルプスの岩肌を、その上にのっているメレンゲは万年雪をイメージしている。クリームはほかにカスタード、生クリーム、バニラ風味のバタークリームが使われ、カステラの中には栗が入っている。今ではどこの洋菓子店にもあるような定番ケーキで、さまざまにアレンジされているが、もともとはこの店のオリジナルだ。

もう一つの看板商品が、昭和の中頃、2代目オーナ

誰もが知っているモンブランは自由が丘のこの店が発祥

色も形も楽しいティーコンフェクト

ーがスイスの菓子職人と一緒に作り出したティーコンフェクト。フレッシュなバターと卵をふんだんに使ったクッキーで、レモン、ココア、ヘーゼルナッツ、アーモンドなど6種類ある。店内には、ほかにも多彩な生ケーキや焼き菓子が並ぶ。

売店の奥にはティールームがある

お品書き

モンブラン1個……………………668円
ティーコンフェクト1枚………168円〜

モンブラン

☎03(3723)1181

東京都目黒区自由が丘1-29-3
東急東横線自由が丘駅から徒歩すぐ

営業時間　10時〜19時
定休日　無休
駐車場　なし
地方発送　可能(一部を除き生菓子は不可)

上品な焼き菓子は手みやげに最適

パリセヴェイユの
フランス菓子

近年、ケーキショップのオープンが相次ぐ自由が丘はスイーツの激戦区。しかも、どの店もレベルが高く、ケーキ好きには東京でもっとも注目すべきエリアだ。2003年6月にオープンしたパリセヴェイユは、シェフの金子美明さんが、パリの街角にある店をイメージして生まれた。滞在3年半の経験を生かし、パリの味と香りを伝えるケーキや焼き菓子、ジャム、パンなどを作っている。

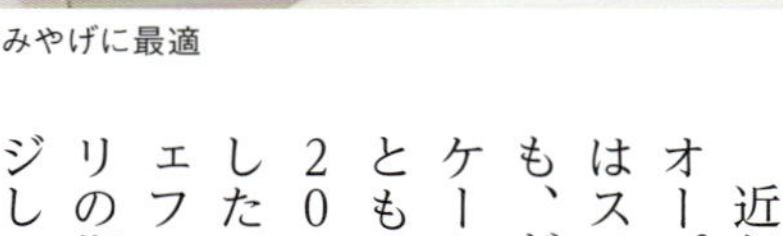
クロワッサンはパリ風の食べごたえ

ケーキは常時20~25種類。デザインはシンプルながら洗練され、ムースやクリーム、生地を何種類も使い分けるなど、熟練の職人ならではの細やかな仕事ぶりを舌で堪能できる。「シェフが作りたいものだけを作る」のがポリシーで、パリでは一般的なチョコレートを使ったケーキが多い。

遠方への手みやげなら、種類が豊富な焼き菓子やクッキー類がおすすめ。マドレーヌはしっとりとした味わいがよく、クッキーはサクッと軽い歯ざわりが持ち味。ジャムは素材を生かしたジューシーな味わいが楽しめる。パンにも定評があり、なかでもクロワッサンは人気が高い。何層にも重なった生地のサクサクした食感と、上品でコクのあるバターとのバランスが素晴らしい。ケーキは11時頃、パンは13時頃なら、ひととおりの商品が揃う。

大きな窓から明るい陽光がふりそそぐ店は自由が丘の駅にほど近く、店の半分がカフェとして営業していることもあり、ショッピングの合間にケーキとコーヒーでくつろぐ人も多い。

パリ仕込みのシェフが作る
洗練された味のケーキやパン

チョコレートの味わいを生かしたケーキが多い

お茶とケーキでゆったり過ごせる

お品書き

ケーキ	560～650円
焼き菓子	190～670円
クロワッサン	280円
ジャム	1,080円

パリセヴェイユ

☎03(5731)3230

目黒区自由が丘2-14-5 館山ビル1F
東急東横線自由が丘駅から徒歩3分

営業時間　10時～20時
定休日　月1回不定休
駐車場　なし
地方発送　焼菓子、ジャム、一部チョコレート菓子のみ可

太巻きや伊達巻き、押し寿司をセットにした大阪寿司

醍醐《だいご》の 大阪寿司

醍醐は、江戸末期に深川で屋台の寿司屋として生まれた帆《ほ》掛《か》け寿司の直系。日本橋、銀座を経て、昭和11年（1936）、田園調布に初代の守屋宗三郎氏が店を開いた。

2代目の守屋昭二さんは昭和28年（1953）に18歳で弟子入り。当時はまだ「見て覚えろ」の時代。修業数カ月後に先代が腱鞘炎をおこし、急遽、守屋昭二さんが寿司を握ることになり、以後60年以上の歳月が流れた。

清潔感あふれる店内

守屋さんが握るのは江戸前と大阪寿司。江戸前はネタが生、関西は塩で締める。シャリは酢を利かせるのが江戸前、大阪寿司はうまみを出すために甘みを強調し

店主自ら仕入れたネタを使い
注文を受けてから作る

新鮮な鯖を酢で締めたさば棒すしも好評

ている。みやげにできるのは大阪寿司のみ。太巻き、伊達巻き、穴子、ひらめなどの押し寿司を折に詰めた人気の寿司で、注文を受けてから、その場で作ってくれる。

ネタは毎朝、守屋さん自ら豊洲へ出向き、自分の目で確かめて仕入れてくる。車えび以外は断固として天然物でとおし、米は富山のコシヒカリを使用。鯖の半身を酢で締めたさば棒すしもお値打ちだ。本店のほか田園調布駅の駅舎にも、醍醐直営のテイクアウト専門の売店がある。

お品書き

大阪寿司	990円
さば棒すし	1,980円

醍醐

☎03(3721)3490
大田区田園調布3-1-4
東急東横線田園調布駅から徒歩1分
営業時間　11時～21時(駅舎の売店は8時30分～20時)
定休日　火曜(祝日の場合は翌日)。駅舎の売店も同じ
駐車場　2台
地方発送　不可

ポルボローネスはスペインでは僧院でよく作られている

レピドールの
ポルボローネス

　ポルボローネスは口に含むとすっと溶け、やがて味が徐々に広がる不思議な菓子。もともとはスペインの伝統的な焼き菓子ポルボロンが原形だ。オーナーの大島陽二さんは神田の洋菓子店で修業に励んでいた際、この菓子と出会い、感激のあまりスペインのマドリードまで作り方を習いに行ったという。

　スペインのものは舌ざわりがザラザラしているが、これを日本人の口に合うよう、パティシエの寒川正史さんがなめらかな食感にアレンジした。

　味はシナモン、ごま、抹茶の3種類。落雁《らくがん》に似た味わいだが、落雁よりもコクがあって甘さは控えめ、しかも柔らかいことからお年寄りにも好評。種々のスパイスが独特な風味をかもす、日本茶にも紅茶にも合う異国情緒豊かな菓子だ。

　もう一つ、オーナーが自信をもってすすめるのがウィークエンドオランジュ。

おもしろうてやがておいしき不思議な食感の欧風焼き菓子

シンプルシックで
温かい造りの喫茶室

爽快な南欧の風を感じさせる
ウィークエンドオランジュ

刻んだバレンシアオレンジを生地に混ぜ、その上にスライスしたオレンジを数枚のせて焼いたパウンドケーキ。しっとりした生地とオレンジの濃厚な味が、口の中をさっぱりとさわやかにしてくれる。風格ある外観の店は、1階に売店、2階には喫茶室がある。

1階の売り場も広々と心地よい

お品書き

ポルボローネス12袋入り ……	1,200円
ポルボローネス24袋入り ……	2,300円
ウィークエンドオランジュ ……	2,060円

レピドール

☎03(3722)0141
東京都大田区田園調布3-24-14
東急東横線田園調布駅から徒歩1分
営業時間　9時〜19時
定休日　水曜
駐車場　7台
地方発送　可能

一つひとつが宝石のようなドゥミセック 12 個入り

オーボンヴュータンの

ドゥミセック

フランス菓子の名店。オーナーシェフの河田勝彦さんは、フランスで約10年、幅広いジャンルの菓子を学び、パリの「ヒルトンホテル・ドゥ・パリ」でシェフ・パティシエを務めた菓子づくりの達人。菓子に関する著書が多いことでも広く知られる。

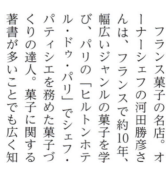

　環八通り沿いにある店は、一流のフレンチレストランを思わせるしゃれたたたずまい。店内に入ると、カラフルな菓子の並ぶショーケースがコの字型にしつらえられ、シャンデリアとキャンドルがより雰囲気を醸す。

　みやげに最適なドゥミセックはパイン、レーズン、オレンジ、くるみ、あんずなどフルーツと木の実それぞれの味が楽しめる、しっとりとした焼き菓子。贈答用のほか、結婚式の引き出物の利用も多い。濃縮されたフルーツエキスの後味がいいゼリーのパートドフリュイもギフトに手頃。また、20種類以上のラインナ

ドゥミセックは かわいい小さな焼き菓子

選ぶのも楽しいコンフィズリー

優雅な雰囲気の店内

テリーヌはセットでも購入できる（写真はパテ ド カンパーニュ、テリーヌ アマッチ、テリーヌ ド ヴォライユ）

ップがある、上品でかわいいコンフィズリー（砂糖菓子）も人気だ。

　さらに、奥まったケースにはハムやソーセージ、テリーヌなどのシャルキュトリー（食肉加工品）。その横には、ジュード ブフ（牛のホホ肉の赤ワイン煮込み）、アンディーヴ ジャンボン（アンディーヴのハム包みグラタン）、牛曳肉のラザーニアといったトレトゥール（洋風惣菜）が並ぶ。それらを味わえ、また昼にはメニューは限られているがランチが楽しめるイートインスペースがあるのも好評だ。

お品書き

ドゥミセック12個入り	1,450円
パートド フリュイ15個入り	2,075円
コンフィズリー	700円～
パテ ド カンパーニュ100g	460円
テリーヌ アマッチ100g	560円
テリーヌ ド ヴォライユ100g	450円
ジュード ブフ	800円

オーボンヴュータン

☎03(3703)8428
世田谷区等々力2-1-3
東急大井町線尾山台駅から徒歩7分
営業時間　9～18時
定休日　火・水曜
駐車場　なし
地方発送　可能（一部不可）

特製の黒蜜をたっぷりかけて食べたい品川餅

木《き》村《むら》家《や》の
品川餅《しながわもち》

江戸時代、東海道の初宿として賑わった品川には、大福に似た「品川餅」と呼ばれる名物があって、茶屋に立ち寄る旅人たちに大いに人気があったという。木村家3代目の故・木村桂一さんが、その餅を現代風にアレンジして創作したのが、看板の品川餅だ。

白玉粉を水でこねて蒸し、ザラメの蜜を加えて練ってさらに蜜漬けの小豆を混ぜ、形を整えてから黄な粉をまぶす。でき上がった餅を一つひとつ容器に入れて包装するまで、すべて手作業で行う。ほんのり甘い餅が黄な粉とよく合い、添えられた黒蜜をかければいっそうコクと風味が豊かに。品川の青い海と帆かけ船をデザインした包装紙もすがすがしい。

このほか、求肥《ぎゅうひ》でこし餡を包み、仕上げに黒羊羹を絞って名前どおりソラマメそっくりにかたどった、ひと口サイズの求肥餅・そら豆は、楽しい発想で人気。

一服する旅人に喜ばれた品川宿ゆかりの銘菓を再現

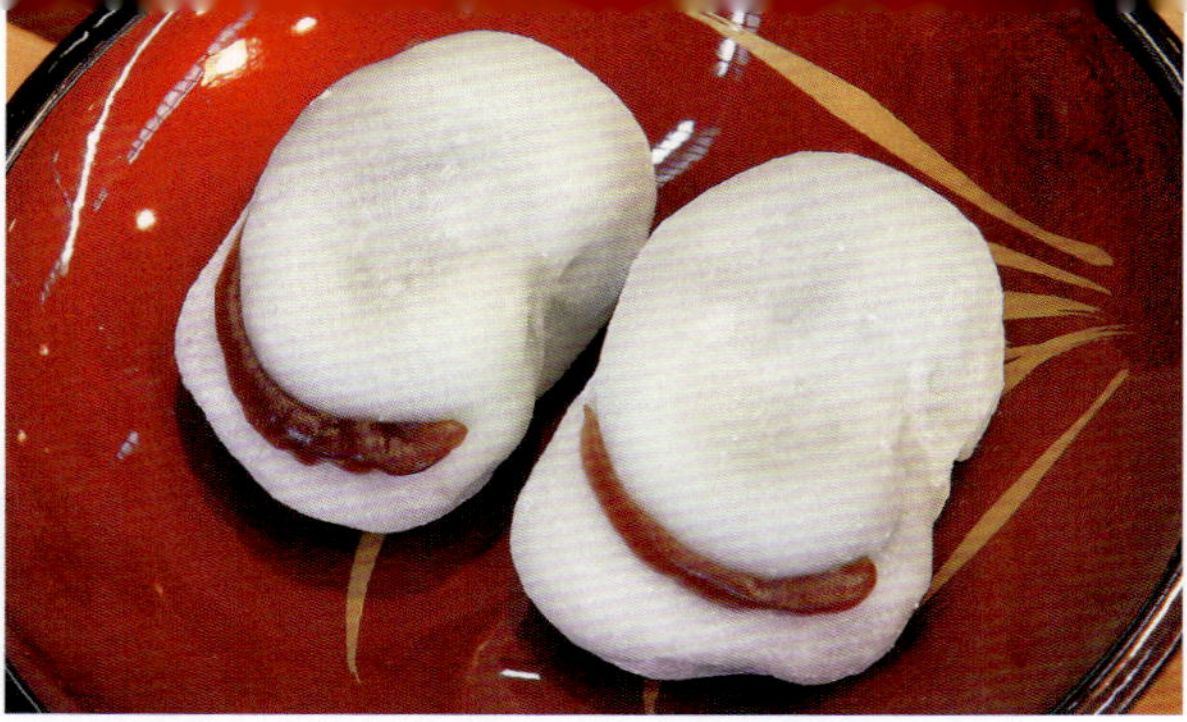

見た目も本物そっくりの求肥餅・そら豆

大福は青エンドウ豆がポイント

さらに、粒餡を包んだ餅の上に、青エンドウ豆をのせた大福も、ひとひねりした味わいが好評だ。毎月7日・17日・27日には、七福大福と銘打って、普段より大きい大福を同じ値段でサービスし話題に。これは以前、七の付く日に行われていた虚空蔵尊の縁日に提供していた名残。伝統を残す店としても貴重だ。

　製品は、全国菓子大博覧会などでたびたび受賞を重ね、店内にはその賞状がたくさん飾られている。

お品書き

品川餅1個	120円
品川餅行李6個入り	900円
そら豆1個	100円
大福1個	90円

木村家

☎03(3471)3762

品川区北品川2-9-23
京浜急行本線新馬場駅北口から徒歩3分
営業時間　8時30分～18時30分
定休日　水曜
駐車場　なし
地方発送　不可

数々の賞状が飾られた店内

濃厚な黒蜜と黄な粉をたっぷりまぶして食べるあべ川餅

餅甚《もちじん》のあべ川餅

平和島駅の東に延びる美原通り、かつてたくさんの旅人の往来で賑わった旧東海道の一角に建つ餅甚は、享保元年（1716）創業の和菓子の老舗だ。駿河国（現静岡県）安倍川の河畔に住んでいた甚三郎が国を出て、この地に茶店を開いたのが始まりという。当初は「駿河屋」を名乗り、現在の屋号に変わったのは8代目の大正時代。現当主で10代目を数える。

手であべ川餅を丸める奥さん

　安倍川餅はふつう、焼いた餅に砂糖・黄な粉をつけて食べるが、餅甚のあべ川餅は砂糖の代わりに黒蜜を使う。この黒蜜こそ秘中の

秘伝の黒蜜にワザあり
ふるさとの味を超えた逸品

季節の和菓子をその季節に合わせて絵柄が変わる曲げわっぱに詰めた遊菓里

秘、後継ぎ以外には作り方を絶対に教えない、まさしく創業当時からの一子相伝の味だ。歯ざわりのいいひと口サイズの丸餅は、宮城県産の、その名もコガネモチという品種の上質のもち米で作る。大豆の香ばしさをしっかり残した黄な粉、とろりと濃厚な黒蜜、そしてコガネモチの餅と、この奥深い味わいは一度食べたらまず忘れられない。

あべ川餅に比べてはるかに歴史は浅いが、遊菓里《ゆかり》も手みやげに喜ばれている。5種類ほどの季節の和菓子が曲げわっぱに詰め合わせてあり、手軽さとかわいらしさから、特に女性に評判が高い。アジサイ・朝顔・藤・モミジ・梅など、蓋の絵柄が季節に合わせて変わるのも楽しい。

お品書き

あべ川餅18個入り	700円
あべ川餅24個入り	900円
遊菓里1箱	895円～

餅甚

☎03(3761)6196

大田区大森東1-4-3
京浜急行本線平和島駅東口から徒歩5分

営業時間　8時30分～19時(日曜は～18時)
定休日　火曜
駐車場　なし
地方発送　可能(一部不可)

老舗の風格が漂う店内

C　O　L　U　M　N　by Asako Kishi

たい焼きは庶民の味方

昭和もヒトケタのころ、小学生だった私ははじめて「たい焼き」に出会いました。寒い冬の夜、医学部受験の浪人だった叔父が着物の懐から「うまいぞ」といって取り出してくれたたい焼きはほかほかと温かく、世の中にこんなものがあったんだと感激しました。買い食いは禁じられていたので、叔父にせがんでときどき買ってきてもらいましたが、寒いときには懐炉のかわりにもなったのでしょう。思い出は冬の間だけです。たい焼きの老舗は何軒かあり、どこも好きですが、私がとくに好きなのは四谷一丁目近くのわかば。小麦粉を水で溶いて型に流し、パリッと焼いてしっとりとしたあんを頭からしっぽまでたっぷりと詰めてあります。カリッと焼けたしっぽから私は食べ始めますが、甘くふっくらとしたあんに叔父の顔が浮かびます。今も昔もたい焼きは庶民の味方ですね。

柳屋（82頁）／根津のたいやき（128頁）／浪花家（234頁）／
わかば（252頁）

※ 2004年3月初版発行『東京 五つ星の手みやげ』より抜粋

C O L U M N by Asako Kishi

向島の桜もちとだんご

　最近は連休になるようにと日付が動きますが、1月15日は小正月、女正月と呼ばれます。この日、私は何十年ぶりかで浅草の観音さまに出かけました。夕暮れどきの待ち合わせだったので雷門から五重塔もライトアップされ、仲見世は通りの両側に紅白のまゆ玉が飾られ、華やいだ江戸の正月という雰囲気でした。お詣りをしたあとは言問橋を渡って向島に。女5人に男1人という昔の仕事仲間の新年会のためでしたが、さすが花街で日本髪に稲穂をさして黒紋付の褄をとった芸者に出会って感激。おみやげに長命寺の桜もちをいただきました。塩漬けの桜の葉の香りをほんのんりと移した薄い皮に包まれたあん、このあっさりした味と、葉を食べるか残すかの論議は昔と変わりません。隅田川を越えてきた言問橋脇の言問団子と桜橋脇の桜もちが花見、花火、月見と江戸の人たちの遊びを盛り上げてきた歴史は長く、私たちの子々孫々に伝えていきたい味です。

言問団子（180頁）／長命寺桜もち（182頁）

※ 2004年3月初版発行『東京 五つ星の手みやげ』より抜粋

C O L U M N by Asako Kishi

伝統の味に誘われて

赤坂、青山、九段、麻布と近ごろは街の変容が凄まじい中で、長らく親しんできた味の店があるとほっとします。赤坂御用地と向かい合ったとらやは宮内庁御用達の和菓子はもちろんですが、私はこの店の赤飯は日本一だと思います。小豆の皮が破けるのは切腹に通じるからと、武家社会であった江戸の赤飯は皮の堅いささげを使いますが、とらやでは京都の伝統を守ってか、小豆を使います。小豆の甘みと香りが移った赤飯は、はんなりとして雅やかな味。伝統の味を守る一方、六本木ヒルズにとらやカフェを開店。和菓子に新しい風を吹き込んでいます。豆大福の岡埜栄泉、すし飯に柚子のみじん切りをしのばせたいなりずしのおつな寿司。熱々の揚げもちが忘れられない豆源では、私の夫が好物だったおのろけ豆を土産によく求めたものです。紀文堂の人形焼きは浪花家のたい焼きとは違って、卵を使ったカステラ風の生地で日もちがします。地下鉄の大江戸線が開通して便利になったぶんうしなわれていきそうな、このあたりの江戸の町の情緒は残して欲しいと願います。

岡埜栄泉（206頁）／とらや（212頁）／おつな寿司（224頁）／
豆源（228頁）／紀文堂（232頁）

※ 2004年3月初版発行『東京 五つ星の手みやげ』より抜粋

ルコントの洋菓子

いまから40年ほど前、オリンピックが日本で開催されたころから料理や菓子の修業に、多くの若い人たちが海外に出かけていきました。戦前、私が育った時代は洋菓子といえばシュークリーム、ショートケーキ、パウンドケーキ、アップルパイくらいであったのが、ヨーロッパ、特にフランスで修業してきたケーキ職人、パティシエたちが多くのケーキをつくり始めました。また、ホテルオークラがオープンするとき、パティシエとしてフランスから招かれてきたアンドレ・ルコントさんは、オークラとの契約が切れたあとも日本に残り、多くの弟子を育てるなど日本の洋菓子界に大きな貢献をしました。私も料理コンクールの審査員を一緒に務めたことがありますが、特に忘れられないのはルコントの青山本店の客席に座って、何種類かのケーキを試食している姿です。客の立場で自分の店の味をチェックする、職人としての厳しい姿勢が強く印象に残っています。

ルコント（236頁）

※2004年3月初版発行『東京 五つ星の手みやげ』より抜粋

記者時代の思い出の店

さきの戦争で小石川の実家が焼けたあと、私は暫く麹町に住みました。昭和30年からは料理記者として駿河台の主婦の友社に勤務したので、千代田区には懐しい店がたくさんあります。鶴屋八幡は実家から4、5分のところで、東京の和菓子とは違う、京都の和菓子に出会いました。どう違うかと改まって聞かれると困りますが、京都は雅、東京は粋とでもいいましょうか。たとえば春は桜、秋は紅葉と季節を伝える練り切りは、粘りが強いつくね芋などの山芋を蒸してから裏ごしにかけ、砂糖を加えて練り上げた白餡は京都を中心とした関西系。一方、関東系は白小豆や白いんげん豆を煮て裏ごしにかけ、砂糖のほかに求肥や寒梅粉などをつなぎに加えて練り上げた白餡です。茶席で使う場合が多い京都の練り切りはその日のうちに食べるもの、東京の練り切りはお使いものにするから日持ちがよいようにできていると聞きました。麹町ではふっくらと煮えた小豆が透けて見えるきんつばの一元屋、宮内庁御用達の村上開新堂の五色のクリームが詰まった小さなシュークリームやキラキラ光るゼリーが懐かしい味ですが、最近は道子さんの店でクッキーなどの焼菓子が買えるようになったのは嬉しいことです。

山本道子の店（110頁）／一元屋（112頁）

※ 2004年12月初版発行『［続］東京 五つ星の手みやげ』より抜粋

50銭で楽しめた女学生の銀ブラ

先日、久しぶりに銀座1丁目から8丁目まで歩きました。フランスやイタリアなど有名ブランドの新しいビルができて華やかさを増している銀座。渋谷や新宿と違い、なんとなく背筋を伸ばして歩く町です。戦前は1丁目から8丁目まで、まず東側を歩き、8丁目で折り返して1丁目まで西側を歩くといった銀ブラを楽しんだものです。昭和15年ごろ、全線座で映画を見て30銭、若松であん蜜を食べて15銭と、50銭にも満たない銀ブラでしたが、女学生にとっては大きな楽しみでした。ときどき叔父たちが奢ってくれると資生堂パーラーのアイスクリームサンデーを食べました。アイスクリームに甘く煮たいちごがたっぷりのっているもので銀座の味の思い出。ケーキなどのほか、カレーやビーフシチューなどもパック入りで売っているので、銀座みやげにおすすめです。日本橋は大型商業ビルがオープンしたり、三越新館ができたりと活気をとり戻しています。東京育ちの人は神茂のかまぼこがなければ正月は迎えられないといいますが、私はこの店の半ぺんが好きです。魚のすり身に山芋をすりおろして混ぜて蒸したもので、関東地方の好みらしく、関西や中国、四国、九州では見かけません。

資生堂パーラー（36頁）／神茂（66頁）

※ 2004年12月初版発行『[続]東京 五つ星の手みやげ』より抜粋

C O L U M N by Asako Kishi

羊羹うんちく話

新橋、赤坂は花柳界があり、料亭での接待のみやげとして利用することが多く、和菓子やせんべいの名店が多くあります。なかでも赤坂塩野の塩乃羊羹は甘みを抑えた薄墨色の練り羊羹で、辛党にも人気があり、これを肴に酒を飲むという人もいます。私は会社が近いので、手みやげにこの店の生菓子を利用しています。日持ちのよい品を選べば、ウィーンやパリに住む友だちに日本の季節を知らせるみやげとして最高に喜ばれます。さて、羊羹と一口にいいますが、練り羊羹、水羊羹、蒸し羊羹と種類がありますね。練り羊羹、水羊羹は寒天で固めたもので、錦玉かん、琥珀かんなど透き通った菓子と、餡を入れて練り上げた練り羊羹があります。水羊羹も餡を寒天で固めますが、こちらは口に入れるとするりと溶けてしまうやわらかさ。ひんやりした口ざわりで夏に欠かせない羊羹です。蒸し羊羹は寒天を使わず、こし餡に小麦粉などを加えて蒸し上げるもので、栗蒸し羊羹、でっち羊羹などがお馴染の味。羊の羹（あつもの）と書いて羊羹。もともとは羊肉を煮た汁の意で、中国から渡来した料理が菓子に発展してきたという歴史があります。

塩野（216頁）

※ 2004年12月初版発行『［続］東京 五つ星の手みやげ』より抜粋

新宿の花街二つ

JR四ツ谷駅は現在、丸の内線、南北線と便利になり賑わっていますが、私が子どものころは甲州街道を行き来する荷車をひく馬の水飲み場がありました。また、電車通勤だった陸軍将校のお出迎えらしく、馬をひく兵隊さんたちの姿も見かけました。甲州街道は現在、新宿通りと呼ばれていますが、四谷３丁目の手前の信号を右に曲がった荒木町は、幸田文さんの『流れる』という小説の舞台となった花柳街で、細い路地を入ると粋な小料理屋があって興味深い町です。つき当たりが階段になっていたり、谷底の小さな池に弁天様（津の守弁財天）があったりして、江戸の情緒がかすかに残っています。同じ新宿区の神楽坂も私が好きな町です。こちらも一歩路地裏に入ると三味線の音が聞こえたり、粋な姿の芸者衆を見かけたりします。坂の入口右手にある「紀の善」の栗ぜんざいは私の好物。店内の色紙にある今井つる女の句はかつての神楽坂の様子を彷彿とさせます。「打ち水のひろい歩きや神楽坂」打ち水をしてある料理屋の道を晴れ着の裾を軽く持ち上げて敷石を伝い歩きした芸者さんの姿が目に浮かびます。この辺りは800年もの歴史を持つ若宮神社や赤い鳥居と提灯がにぎやかな毘沙門天など神社が多くあって、神楽囃が絶えなかったから、神楽坂の名があるとも聞きました。

紀の善（256頁）

※ 2004年12月初版発行『［続］東京 五つ星の手みやげ』より抜粋

C O L U M N by Asako Kishi

ハレの菓子 ケの菓子

東京と京都のお菓子について、『主婦の友』『栄養と料理』の編集者として取材でお世話になった近茶流家元の折原敏雄さんは、「東男と京女」というたとえのように、江戸の菓子は武骨ながらも庶民に愛される菓子で番茶に合うといっておられます。一方、1000年の歴史に支えられる京都の菓子は、茶道の影響もあって、たおやかで品がよく、抹茶や煎茶に合うといわれ、京菓子がハレの菓子なら江戸の菓子はケの菓子としてふだん着のような、飾らない味と評しておられます。確かに亀戸天神の船橋屋のくず餅、隅田川沿いの長命寺の桜餅、言問橋脇の言問団子などは、江戸時代からの名物菓子です。現代の文京区、小石川育ちの私たち姉妹は、新学期が始まる前には勉学の神様といわれる亀戸天神にお詣りし、船橋屋のくず餅を食べる楽しみを味わいました。妊娠すると腹帯を巻くときにお札をいただく人形町の水天宮にお詣りしましたが、帰りのみやげは重盛永信堂の人形焼と決まっていました。カステラ地にこし餡を入れた人形焼は、恵比須、大黒、布袋、毘沙門、弁天、寿老人、福禄寿の七福神であると聞いていたのですが、確かめると6つしかありません。これは1丁の焼き型には6個の面が3個ずつ2列に彫ってあり、福禄寿は頭が長いためにこの型に入りきらないためと聞きます。

重盛永信堂（76頁）／言問団子（180頁）／長命寺桜もち（182頁）／
船橋屋（190頁）

※ 2004年12月初版発行『[続] 東京 五つ星の手みやげ』より抜粋

C O L U M N by Asako Kishi

餅もいろいろ

「お江戸日本橋七つ立ち…」と子どものころに口ずさんだ日本橋は、江戸時代は旅立ちの起点でした。東海道、中山道、日光街道、甲州街道、奥州街道の五街道は大名行列をはじめ旅人の往来が激しかったのでしょう。その名残で街道沿いには、だんごや餅を商う店が多く見られます。特にお餅は正月の鏡餅をはじめ、子どもが１歳になると餅を背負ったり、七五三の祝い餅、ひな祭りの菱餅、上棟式の投げ餅などに多く使われています。また、上新粉をこねて作る月見だんごや彼岸だんご、草だんごなども各地に名物として残っています。搗きたての餅に黄な粉をまぶした安倍川餅は、徳川家康に静岡県の安倍川のほとりの茶屋が献上したという話が残っていて、現代でも新幹線の車内で売っている名物。くず餅は本来、葛を練って黄な粉をまぶす菓子ですが、関東では小麦粉や生麸粉を練って蒸したものに黄な粉と蜜をかけて食べるもの。桜餅も関西は蒸したもち米を乾燥させた道明寺粉を蒸して餡を包みますが、関東では小麦粉を薄くといてクレープのように焼いて餡を包むというように、同じ桜の葉で包むピンクの菓子も東西で材料が違うのは、おもしろいと思います。そういえば、私たちが子どものころは、和菓子のことを餅菓子と呼んでいました。地方にいくと餅屋という和菓子屋の看板もよく見かけます。

※ 2004年12月初版発行『［続］東京 五つ星の手みやげ』より抜粋

玉子焼きふたいろ

東京と京都の味の好みの違いを実感したのは、玉子焼き。30年ほど前、女学校時代の仲良しグループで京都に旅して八坂神社脇の二軒茶屋（中村楼）で昼食をとったときのことです。松花堂の弁当に入っている玉子焼きを一口食べた友人のひとりが「なんて水くさい味なの」と文句をいいました。彼女は何代も続く下町の和菓子材料問屋に育ったチャキチャキの江戸っ子。いわれてみれば京都のだし巻き玉子はだしと塩、薄口しょうゆぐらいで砂糖は使いません。東京の玉子焼きは寿司種のカステラ玉子やだし巻きにも甘みが入ります。特に江戸時代からつづく王子の扇屋の「釜焼き玉子」は、京都から遊びに来た知人が「なに、これ。ケーキみたい」と驚いたほど、しっかりと甘く口の中で甘いつゆがジュワーッと広がります。最近は少し甘みを控えているようですが、私にとっては懐しい味です。小学校1年生ではじめての遠足が王子の「名主の滝」でした。もう1軒、子どものころから谷中墓地の墓参の帰りは階段を何段も下って休憩する、羽二重団子が楽しみでした。鷗外をはじめ、小石川や根岸に住む文人墨客が愛した団子で、こし餡は何回も水にさらして小豆のアクを抜いた上品な味。昔の大福帳などが残り、古きよき時代が偲ばれる店です。

羽二重団子（118頁）／扇屋（148頁）

※ 2004年12月初版発行『[続] 東京 五つ星の手みやげ』より抜粋

主要商品名索引

※略称でも検索できます。

【た】

店名索引

※略称でも検索できます。

岸　朝子（きし・あさこ）

1923年、東京生まれ。2015年、91歳で逝去。
女子栄養学園（現女子栄養大学）卒業後、1955年に主婦の友社に入社。その後、女子栄養大学出版部に移り、『栄養と料理』編集長を務める。1979年、株式会社エディターズを設立。料理、栄養など食に関する書籍や雑誌を多数編集する。1993年より、フジテレビ系『料理の鉄人』に審査委員として出演。食後のひと言“おいしゅうございます”が話題となる。著書では、東京にある老舗・名店の極上の味みやげを厳選して紹介した『東京 五つ星の手みやげ』（2004年、東京書籍刊）が30万部を超えるベストセラーになるなど、料理記者歴58年以上の間に培ったその“審味眼”は、幅広い読者層から絶大な信頼を得た。その他に、東京書籍の五つ星シリーズの『[続] 東京 五つ星の手みやげ』『東京 五つ星の甘味処』『東京 五つ星の肉料理』『東京 五つ星の魚料理』『東京 五つ星の中国料理』『東京 五つ星のイタリア料理』、手帳シリーズの『イタリアン手帳』なども伝説的なロングセラーに。2012年、88歳のときに著した自叙伝的健康論『このまま100歳までおいしゅうございます』では、自らの健康診断結果を包み隠さず披露し、各紙誌に大きく取り上げられ話題となった。

企画	小島　卓（東京書籍）
編集	石井一雄（エルフ）
	松尾富美恵（エルフ）
本新訂版取材・執筆	村田郁宏
取材・執筆協力	阿部一恵／安藤博祥／
	今福貴子／福田国士
ブックデザイン	長谷川　理（Phontage Guild）
DTP・デザイン	STUDIOいちご
地図	萩原和子

本新訂版取材・執筆
村田郁宏（むらた・いくひろ）
山口県下関市出身。関西大学文学部卒業。観光会社の広報マンを経て旅行ライター。著書に『焼酎手帳』（東京書籍）、『全国 五つ星の駅弁・空弁』（東京書籍・共著）、『カラーブックス富士と五胡』（保育社）、『県別ガイド山梨県』（ゼンリン）など15冊がある（一部はペンネーム村谷宏で発表）。現在、東京新聞＆中日新聞で「全国旨いもん」を連載。

東京《とうきょう》 五《いつ》つ星《ぼし》の手《て》みやげ ザ・レジェンド The LEGEND

令和元年八月二十九日　第一刷発行
令和元年十一月十一日　第二刷発行

監修者　岸《きし》　朝子《あさこ》
発行者　千石雅仁
発行所　東京書籍株式会社
〒114-8524　東京都北区堀船2-17-1
電話　03-5390-7531（営業）
03-5390-7526（編集）
https://www.tokyo-shoseki.co.jp

印刷・製本　図書印刷株式会社

ISBN 978-4-487-81284-4
C 2076